Fleurons

心理精粹丛书/费俊峰　主编

内在小孩：
费伦齐论文选

Inner Child:
Selected Writings of Ferenczi

〔匈〕桑多尔·费伦齐（Sándor Ferenczi）著
费俊峰 编　王灵军 译

南京大学出版社

图书在版编目(CIP)数据

内在小孩:费伦齐论文选/(匈)桑多尔·费伦齐著;费俊峰编;王灵军译.—南京:南京大学出版社,2024.6(2024.8重印)
(心理精粹丛书/费俊峰主编)
ISBN 978-7-305-26741-3

Ⅰ.①内… Ⅱ.①桑…②费…③王… Ⅲ.①儿童心理学-文集 Ⅳ.①B844.1-53

中国国家版本馆 CIP 数据核字(2023)第 225508 号

出版发行	南京大学出版社
社　　址	南京市汉口路 22 号　邮编 210093
丛 书 名	心理精粹丛书
丛书主编	费俊峰
书　　名	**内在小孩:费伦齐论文选**
	NEIZAI XIAOHAI: FEILUNQI LUNWEN XUAN
著　　者	[匈]桑多尔·费伦齐
编　　者	费俊峰
译　　者	王灵军
责任编辑	陈蕴敏
照　　排	南京紫藤制版印务中心
印　　刷	江苏凤凰扬州鑫华印刷有限公司
开　　本	635 mm×965 mm　1/16　印张 9　字数 113 千
版　　次	2024 年 6 月第 1 版　2024 年 8 月第 2 次印刷
ISBN 978-7-305-26741-3
定　　价	52.00 元
网　　址	http://www.njupco.com
官方微博	http://weibo.com/njupco
官方微信	njupress
销售咨询	(025)83594756

* 版权所有,侵权必究
* 凡购买南大版图书,如有印装质量问题,请与所购图书销售部门联系调换

探索心灵的广度与深度

"心理精粹丛书"序

经过多年的构思、策划、组织和编选,"心理精粹丛书"终于和读者见面了。这是继"格式塔治疗丛书"之后,我主编的第二套心理学术著作丛书。希望它的问世能在理论上和实践上成为中国心理学界的一次有意探索。

一、为什么出这套书?

自1996年进入心理咨询行业以来,我用心地在这个领域里学习耕耘,人本主义、心理剧疗法、焦点疗法、亚隆存在主义疗法……这些帮助别人的方式多少也用在了自己身上,并展现了一些效果。但让我改变最大的事件是我从2009年起参加了"中德完形连续培训"工作坊,从而开始学习使用格式塔治疗,这是我生命的一个重要转折。那个时期,我在专业上和职场中都遇到了挑战和挫折,德国老师的温暖尊重、成员的开放分享让我触碰到内心没有办法面对的个人议题，这让我深感神奇而震惊，也让我一直坚持这个系列培训。但是刚开始学习时我有点困惑，也有很多的"搞不清楚"，由于我是培训的组织者，大量的时间用于处理会务，所以无法更深入地解决自己的困惑和议题。直到我参加完三届的培训，我才真正地有所领悟。

尤其是两位老师，维尔纳·吉尔（Werner Gill）和布里吉特（Brigitte Rasmus），风格迥异，却都让我由衷地相信，只有通过亲身的体验，所学内容才能被纳入个人的内在系统，才能产生真正的改变。皮尔斯也讲过，格式塔咨询没有任何的技术。所以在学习的那几年中，重点不是怎样在临床工作中运用格式塔的技术，而是真诚面对每个人的个人议题。我持续地去练习对自己内部、外部区域的觉察，逐渐增强了觉察力，努力倾听自己的声音，感受自己的情绪。我开始重新检查自己内摄的很多信念，能够诚实地和外在人、事、物接触。我渐渐地确认了一些自己不接受甚至投射出去的东西，能够承认过往逃避和压抑的很多需求、渴望、梦想。这让我渐渐整合了自己，也让我能够再次去评估自己拥有什么、缺少什么，我的环境有什么样的条件和限制，知道放下一些需要能够让我更勇敢、更有选择地去面对自己。

格式塔也帮助我处理了自己的一些未完成事件，不再受到过往经历的困扰，不在不重要的事上花太多的时间精力，而是聚焦于当下。当然也不是在学习过程中就能够有如此的收获，2016年前后，我开始在教学、咨询和督导中融入格式塔治疗的精神，不断地跟学生、来访者、受督者相互交流并得到成长。

回顾自己从1996年以来的专业工作，我经历过成功、挫败、痛苦、挑战，这些经历使我成为现在之我，学习格式塔则是我人生关键的转折点。在学习时，我深感参考书的稀缺，于是我策划主编了"格式塔治疗丛书"。

格式塔吸收了东方禅宗的思想，中国人容易适应。而且，纯粹西方的心理学、心理咨询的方式，并不完全适合现代中国人的心理，因为很多人容易忽略自我。就我自己而言，在学习罗杰斯的人本主义时，我的确受到吸引，使用起来却深感困难，因为我们自己很少被当成"人"来看待。但是在格式塔治疗中，觉察、选择很重要。有了觉察以后，才能勇敢地做出选择和决定，处理完未完成事件，才能发现现在的我力量不足，否则是没有勇气面对过往的。没有照顾好当时受苦的自己，就不容易"完形"。东西方人在乎的事情也不太一样。比如经常感到委屈，这其实是很多中国人共有的情绪，这类情绪还包括一些特别强烈又遭到压抑的情绪（如嫉妒）；或者由于不太表达情绪，我们通常不会好好生气。所以在这15年的格式塔学习推广过程中，我深深地感觉到，格式塔不仅仅是一个咨询、治疗的流派，它更是一种生活方式、人生哲理。它对每个想要真正生活的人都很有帮助，我很愿意推广它，而编书、写书就是一个重要的推广方式。

之前的"格式塔治疗丛书"在社会上产生了广泛的影响，也赢得了同行普遍的好评。但是这些工作主要是基于格式塔治疗的内容架构，对于格式塔治疗产生的背景问题的关切还不够系统和全面，因而不足以展现格式塔治疗背景的全貌。要追根溯源，弄清楚什么促成了格式塔的创立。因此，我再次萌生出版丛书的想法，介绍那些对格式塔治疗及创始人皮尔斯影响巨大的人物和书籍。

二、"丛书"内容何为？

"心理精粹丛书"（以下简称"丛书"）的每一本书都经过精心挑选，旨在为读者呈现心理学领域的经典之作。这些著作的内容深入浅出，通过阅读，读者可以在轻松愉快的氛围中，逐步掌握心理学一些重要流派的基本概念和原理。

"丛书"收录西方心理学史上建构独特理论、产生重大影响却罕有中文译介的心理学家的著作，以期拂去历史之尘埃，打破语言之壁垒，反观我国之现实，为广大心理学工作者提供优秀而实用的经典之作。具体而言，"丛书"收入以下心理学家的作品。

精神分析领域：桑多尔·费伦齐（Sándor Ferenczi，

1873—1933)、奥托·兰克（Otto Rank，1884—1939）、威廉·赖希（Wilhelm Reich，1897—1957），他们的理论与弗洛伊德的某些理论互为补充。

费伦齐，弗洛伊德精神分析学派的早期成员之一。他出生于匈牙利的一个犹太家庭，后来移民到维也纳，成为弗洛伊德的重要助手和合作伙伴。费伦齐在精神分析领域的研究和治疗实践，为心理学的发展奠定了坚实的基础。他强调心理现象的社会和文化背景，认为个体的心理状态与其所处的社会环境密切相关。这一观点打破了弗洛伊德初期理论中过于个体化的倾向，为后来的社会心理学和文化心理学的发展奠定了基础。费伦齐在心理分析技术上也有所创新，他提出了一套独特的技术，包括与来访者角色交换、相互分析。费伦齐的理论和实践为精神分析学派注入了新的活力，推动了该学派的发展和完善。他的贡献使得精神分析从单一的个体心理学领域扩展到了更广泛的社会文化领域。"丛书"精选了他的若干篇重要文章，收入《内在小孩：费伦齐论文选》一书。

作为弗洛伊德的弟子，兰克在精神分析领域进行了一系列的理论创新。他提出了"生命意志"的概念，强调了个体生存本能的强大力量。兰克认为，人的所有行为都是出于对生存的渴望，这种渴望在人的心理活动中占有核心地位。此外，兰克还发展了"出生创伤"理论，认为个体在出生过程中经历的突然分离和剥夺是心理发展中的一个重要转折点。这种创伤导致了个体对自我和他人的认知方式的不同,进而影响了人的心理健康。兰克在临床实践方面也取得了显著成就。他提出了"自我分析"的方法,鼓励患者通过深入反思自己的内心世界来寻找问题的根源。这种方法强调了患者的主动性和自我治愈的能力,为后来的心理治疗提供了重要的启示。兰克还重视家庭和社会环境对个体心理健康的影响。他认为,家庭中的亲子关系、夫妻关系等都对个体的心理发展有着深远影响。因此,在治疗过程中,兰克注重分析患者的家庭环境,并提供相应的家庭治疗建议。兰克不仅在心理学领域做出了卓越的贡献,而且积极与其他领域进行合作。他与艺术家、文学家等进行了广泛的交流,探讨了艺术与心理学之间的关系。兰克认为,艺术作品是艺术家内心世界的反映,通过分析艺术作品可以深入了解艺术家的心理状态。"丛书"收入其《现代教育:对其根本思想的批判》《出生创伤》《英雄诞生的神话》等。

在精神分析领域,赖希深受弗洛伊德的影响,并与弗洛伊德有着密切的联系。他是弗洛伊德最得意的学生之一,进一步拓展了弗洛伊德的理论。他提出了"性格分析"这一新技术,旨在帮助患者排除阻抗行为。赖希认为,阻抗现象不只是神经症的症状,而且是一种性格障碍。通过性格分析,他试图帮助患者识别和克服这些障碍,从而实现自我治愈。赖希试图将性格描绘成一副主要由肌肉收缩组成的铠甲,在这一尝试中发现了性格的影响。如果费伦齐坚持认为肛门的肌肉收缩是阻抗的压力计,那么赖希把这个观察延伸到每一种可能的收缩。当然,这些肌肉收缩只是"手段"——它们是代表情绪的功能,它们发挥作用是为了避免厌恶、尴尬、恐惧、羞耻和内疚的感觉。"丛书"拟收入赖希的《性格分析》一书。

"丛书"也收入了对格式塔治疗影响很大的心理剧疗法经典书籍。雅各布·莫雷诺(Jacob Levy Moreno,1889—1974)是团体治疗发展的主要贡献者,他提出了社会计量学和心理剧这两种方法。社会计量学研究团体中的人际关系和互动,心理剧则通过角色扮演和即兴表演来探索、处理个人及团体问题。莫雷诺的心理剧方法强调个体的自发性、创造性、动作表现、自我开放,以及在团体过程中的冒险尝试。他认为,通过心理剧的表演和角色扮演,个体可以更好地理解自己,发现潜在的问题,并找到解决问题的方法,从而实现个体的成长和发展。"丛书"收入了其《谁将存活?——社会测量学、团体心理治疗和社会剧的基础》。

"丛书"还将根据心理学界和读者的反馈调整书目,收入更多、更好的经典著作。

三、"丛书"意义何在?

心理学作为一门研究人类内心世界的学科,具有独特的魅力与意义，能够帮助我们认识自己、理解他人，更好地应对生活中的挑战。"丛书"旨在为读者提供一个与心灵对话的平台，每一本书都从不同的角度切入，带领读者深入了解心灵的奥秘。读者可逐渐领略到心理学的魅力，探索自己的内心世界，增强自我认知，改善生活质量，更好地应对生活的挑战，实现个人的成长与蜕变。

在"心理精粹丛书"的引领下，让我们踏上这场探寻心灵广度与深度的旅程，携手共进，用心理学的经典书籍点亮心灵之灯，照亮前行的道路，共创美好未来！期待这些经典作品与你见面。

2024 年 4 月

出版说明

桑多尔·费伦齐，匈牙利精神分析学家、弗洛伊德的亲密伙伴。1910年，在弗洛伊德的建议下，他创立了国际精神分析协会；1913年，他创立了匈牙利精神分析协会。费伦齐主张积极的技术和身体干预，这使他备受批评，甚至被视为"精神分析的坏小孩"。然而，这个"坏小孩"对遭受创伤的儿童一直怀有深切的同情，对儿童和童年经历的关注贯穿其著述始终。他反对传统教育对儿童的压抑，主张一种以洞察和理解为基础的新型教育，让个体的人格得到真实而完整的发展；他敏锐地发现了隐藏于成人内心的伤痕累累的"内在小孩"，揭示了外部环境尤其是父母养育和童年期创伤事件对儿童发展的巨大影响；他在成人的精神分析中引入了儿童分析的游戏技术：这些都为后来的儿童精神分析学奠定了基础，可以说费伦齐是儿童精神分析的先驱。

费伦齐论及儿童的文章甚多，本书精选了最有代表性的八篇：

- 《精神分析与教育学》（1908）
- 《现实感的发展阶段》（1913）
- 《公鸡小孩》（1913）
- 《童年期"阉割"的心理后果》（1917）
- 《家庭对孩子的适应》（1927）
- 《不受欢迎的儿童及其死亡驱力》（1929）
- 《成人分析中的儿童分析》（1931）
- 《成人与儿童的语言混淆：温柔与激情的语言》（1932）

这些文章以发表的时间为序编排，力求较为完整地展示这位伟大而另类的精神分析学家在儿童心理学领域的独特贡献。一百年过去了，费伦齐的思想仍然具有强烈的现实性，希望他的文字能安抚"内在小孩"受伤的心灵，帮助他们重获生活的勇气。

目 录

精神分析与教育学（1908）/ 001

现实感的发展阶段（1913）/ 019

公鸡小孩（1913）/ 039

童年期"阉割"的心理后果（1917）/ 049

家庭对孩子的适应（1927）/ 055

不受欢迎的儿童及其死亡驱力（1929）/ 072

成人分析中的儿童分析（1931）/ 079

成人与儿童的语言混淆：温柔与激情的语言（1932）/ 098

附录：篇章来源及英法文译介情况 / 111

译后记 / 123

精神分析与教育学*
（1908）

通过对**弗洛伊德****著作的研究，结合本人在精神分析学领域开展的相关工作，我们得出一个颇具说服力的结论：一种有弊端的教育，不仅是造成性格缺陷（Charakterfehlern）的根源，更是某些疾病的根源。不幸的是，现行的教育恰恰成为引发各种各样神经症（Neurosen）的温床。无论我们是否愿意，对患者疾病的分析，都使我们开始重新审视自己，以及我们自身的发展【重

---

* 1908年4月27日，在奥地利萨尔茨堡精神分析大会上，费伦齐以《弗洛伊德的经验对儿童教育有何实践上的启示？》（„Welche praktischen Winke ergeben sich aus den Freudschen Erfahrungen für die Kindererziehung?"）为题发表讲演。此次会议被视为国际精神分析协会的第一次国际大会，尽管该协会1910年才于纽伦堡正式成立。同年10月，本文的一个匈牙利文简短版本以《精神分析与教育学》（"Psychoanalysis és pedagógia"）为题发表于匈牙利《医学》（*Gyógyászat*）周刊。1910年，德文摘要版同样以《精神分析与教育学》（„Psychoanalyse und Pädagogik"）为题发表于维也纳精神分析协会的刊物《精神分析中心册页》（*Zentralblatt für Psychoanalyse*）1910—1911年第1卷第3期；德文全文版本整理自费伦齐去世后留下的手稿，收录于1939年出版的《精神分析学基础》第三部（*Bausteine zur Psychoanalyse*, Band Ⅲ），与前述匈牙利文版本有很大不同。英文版（"Psychoanalysis and Education"）最早刊载于《国际精神分析杂志》（*The International Journal of Psychoanalysis*）1949年第30卷费（转下页）

新审视自己的人格（personnalité），以及造成这种人格的根源】*。我们从中得出的结论是，即便是以最为高尚的理念为指导，并且在最有利的条件下实施的教育——由于它是建立在总体谬误的教育原则的基础之上——也会对人类天性的发展产生各种各样有害的影响。如果说，尽管如此，我们今天大部分人仍然身心健康，那完全是得益于我们的心理结构比我们应该拥有的更为坚实牢固。总之，由于一些不恰当的教育原则，我们即使没有得病，也承受了许许多多毫无意义的精神折磨，并且在这种有害行动的影响下，可以说，我们当中有许多人，或多或少，无法不受抑制地享受生活本身所带来的自然而然的快乐。

那么，问题就来了：【有什么治疗手段和预防措施能够对抗这些痛苦？】教育学是否可以从精神分析学的某些研究成果中获得一些实际有效的建议？这个问题本身并非纯粹的科学性问题。

（续上页）伦齐专刊。朱迪特·杜邦（Judith Dupont, 1925— ，匈牙利裔法国精神分析师、译者、编辑，费伦齐著作法文翻译者与整理者）1968年的法文译本（« Psychanalyse et pédagogie », dans Sándor Ferenczi, *Psychanalyse* Ⅰ. *Œuvres complètes*, 1908 - 1912, 1968, Paris, Payot, pp. 51 - 56）与上述1908年的匈牙利文版本一致。2009年，法国心理学杂志《苍鹭》（*Le Coq-Heron*）发表了根据上述1949年的英文译本翻译而来的法文版补篇（« Supplément à "Psychanalyse et pédagogie" », dans *Le Coq-héron*, 4, n° 199, pp. 11 - 14）。中文版由王灵军译自这两个法文版本，并由程无一根据1939年德文原文和1955年匈牙利精神分析学家迈克尔·巴林特（Micheal Balint）整理的英文版（"Psycho-analysis and Education", in Sándor Ferenczi, *Final Contributions to Psychoanalysis*, ed. Michael Balint, trans. Eric Mosbacher and others, London, Hogarth Press, 1955 [reprinted 2002, London, Karnac], pp. 280 - 290）进行了补充翻译和重新编排，保留了德文版和英文版的两个附录。——编注（本书未注明"编注"或"译注"的注释皆为原注。）

** 德文原文以字符间距加宽来表示强调，中译本对应以黑体。——编注
* 【】括起的仿宋字体文字仅见于法文版本（亦即仅见于匈牙利文版本）。——编注

精神分析与教育学（1908）

教育学之于精神分析学，就如同园艺学之于植物学。但如果我们仔细回想一下，就会明白**弗洛伊德**本人，也是从知识的一个同样实际的分支即神经病理学（Neurosenpathologie）出发，发现了令人惊奇的心理学观点。我们不应回避进入儿童养育领域【也是从一个神经症的具体而有限的小问题出发，从而发现了一个完全令人意想不到的如此广阔的心理学世界。同样的，我们也大可在这个儿童乐园的草坪上漫步，不无希望地发现些许新的启发性理论】。我要预先指出【从一开始，我就指出】，这个问题单纯靠一己之力是无法解决的，大家的协同合作必不可少，这就是为什么我要再次将这个主题作为**问题**而提出，并且请各位同行，尤其是**弗洛伊德**教授就此发表评论。但是，在这么做之前，我想先对我所想到的几个主要观点做个简要概述【更不可能在一场研讨会中就得出解决方案。我们真诚地需要大家的协同合作。至于我本人，今天仅限于提出几个亟待解决的问题，并且对研究现状做一个说明】。

不带痛苦或不紧张地维持生存的趋势，即不快乐原则（Unlustprinzip），必须如**弗洛伊德**那样，被视为精神装置（psychischen Apparates）独特而天生的调节器，就像新生儿所体现出的那样。尽管后者叠加了更多的复杂机制，某种升华了的不快乐原则在受到教化的成人的心智中仍是至高无上的，这种原则表现为一种自然的倾向：尽可能少地付出努力去体验最大可能的满足。【新生儿心理运行机制唯一的调节器就是其避免痛苦，即避免所有的刺激的倾向，这种倾向被称为 *Unlustprinzip*（"不快乐原则"[principe de déplaisir]）。随后，教育给儿童灌输了自我约束力，这一原则受到其自我约束力的控制。然而，即使在一个受了教化的成年人的心中，这种避免痛苦的倾向也时刻存在着,只不过以一种升华了的方式存在。无论如何,人类总是竭尽全力以最小的努力获取最大的满足,即使这一行为违背了所有道德教育准则。】每一种教育都应该考虑到这一倾向。当今的教育并非如此。反之,教育以更多的强制来使得心智充满重负,甚至超过了已经最大限度施压的外部环境的要求,其方式是强化压抑(Verdrängung),而压抑原本是一种适当的、有目的的防御措施,过度则会导致疾病。(**附录Ⅰ**)

【然而,我们现行的教育理念总是与这一智慧的,至少是显而易见的原则南辕北辙。我立马就想指出这一问题最严重的后果之一,那就是,它压抑了人类真实的情感和心理活动。甚至可以说,它彻底否认了人类真实的情感和思想。】

我们应该向往的教育改革,其主要目标应是努力使孩子的心智免受不必要压抑之重负。其后——一项更为重要的任务——应是改革我们的社会机构,以便将行动的自由赋予那些无法升华的冲动愿望。我们有能力无视这样的观点不利于文明这一指责。对我们来说,文明自身不是目的,而是一种适当的方式,一个人自己的利益与同胞的利益之间可以通过这种方式而达成妥协。倘若通过不那么复杂的方式这一点可以实现,我们就无须害怕"反动分子"(Reaktion)这一称谓。尊重他人合理而自然的要求必须一直是决定自由行使程度的限制性因素。今天的教育课程中,对人真实心理的无知与忽视在社会生活中制造了众多病理性现象,而表达对压抑的不合逻辑的工作变得显而易见。如果我们仅仅为了少数特别具有神经症倾向的人而行动,就没有必要改变种种事务的现存状况。但是我想——并且,这里我相信自己得到了**弗洛伊德**尚未发表的讲演的支持——大部分受到教化之人的过度焦虑、他们对死亡的恐惧、他们的疑病症(Hypochondrie),所有这些一定都来源于教育过程中遭到压抑的力比多（Libido）。与此相似，紧紧依附于无意义的宗教迷信、种种权威的传统膜拜和过时的社会制度，这些都是民间心智中的病理性现象——可以说，是各种强迫性行为和集体心智的各种观念——诱导这些现象的力量是遭到压抑的冲动愿望，由于错误的教育而四处蔓延。（附录Ⅱ）

*儿科医生**切尔尼教授**[①]在他关于医生的教育职责的这一精彩演讲中，批评父母没有能力教育好他们的孩子，因为他们（父母）完全无法回忆起自己的童年，或者就算他们的确记得，这个回忆也并不可靠或者实际上是自欺欺人的。我们不得不赞同他的观点，实际上，我们可以告诉他——使用从**弗洛伊德**那里获得的知识——这种心理机制是多么值得注意，正是它导致了婴儿的失忆症（Amnesie）。这个机制本身也足以解释为什么自古以来，教育都没有取得任何重大进展。这是一个恶性循环。无意识（Unbewusste）驱使父母以错误的方式养育孩子，错误的教育反过来在孩子心中堆叠了种种无意识情结。必须以某种方式打破这个恶性循环。着手进行教育方面的彻底改革，这是一个无望的开端。婴儿期失忆的纠正，即成人的启蒙，这种做法成功的希望更大。我相信，传播**弗洛伊德**带来的关于儿童的真正的心理学知识，是迈向更加光明的未来的第一步，也是最重要的一步。对于遭受不必要压抑折磨的人类来说，这一大规模启蒙将意味着一种治疗、一种内在革命，我们每个人在内化**弗洛伊德**

---

* 本段至附录Ⅰ前的所有段落法译本见前引《苍鹭》杂志的补篇。——编注
① 阿达尔贝特·切尔尼（Adalbert Czerny, 1863—1941），奥地利儿科医生，现代儿科学的奠基人，国际儿科学会的创始人，著有《作为儿童教师的医生》（*Das Arzt als Erzieher der Kinde*, 1908）等。——译注

教导的时候，无疑都经历过。从不必要的内在强迫之中解放出来，这会是为人类带来真正意义上的解脱的第一次革命，因为政治革命所实现的仅仅是，外部力量即强制方式发生交接，或者被压迫者的数量起起落落。只有在这个真正意义上获得解放的人，才能对教育进行根本性的变革，并永远避免倒退回我们所不期望的类似状态之中。

除了上述为未来做准备的尝试性举措之外，我们也应该关注年轻一代，并且带着不断增加的洞察去发现，在养育孩子中有什么可以立刻加以改变。

然而，首先，我们必须探讨一下先天论的论点，他们认为教育注定是无效的，因为在他们看来所有的心智发展都是生物学上的。**弗洛伊德**的研究表明，同样的性倾向会产生不同的结果，这取决于情感影响的进一步发展，而且，童年经历对于随后的发展至关重要。这些观点都表明，教育措施是有效果的。相反，无论是棘手的事件，还是有目的的、良性的影响——换言之，真正的教育——都能够利用孩子依恋的执拗与能力。

至于教育改革，我认为，与儿科医生进行合作，这种措施是非常可取的，因为他们对公众的影响很大。此外，他们可以直接观察婴儿的心智生活，能够得到进一步的证据，验证有关运转机制和孩子心智发展的结论，这些结论本身是从健康主体的梦和神经症患者的症状观察中得出的——因循**弗洛伊德**的观点。显然，这些观察结果对神经症心理学（Neurosenpsychologie）也大有益处。

然而，时至今日，这些新理念几乎没有得到儿科医师的理解和关注。这一事实似乎更加令人惊讶，尤其是**弗洛伊德**心理学和未受到**弗洛伊德**影响的儿科医生观察之间有许多交汇之处。

以我之前提到过的**切尔尼**的书为例，他认为，在婴儿出生后的第一年，以恰当的方式对待婴儿，可以产生持久的影响，对此我们深表赞同。用**弗洛伊德**的术语，我们将问题重新表述如下：婴儿应该接受教育吗？如果回答是肯定的，那么在无意识心智系统几乎独占至高权的这一时期，我们应该如何着手做？

根据我们对无意识驱力*冲动（Triebregungen）产生的后续作用的了解，应该尽可能少地抑制孩子释放其动能。因此，在我看来，给婴儿穿束身衣、包裹婴儿的习俗应该受到批判。孩子应该拥有很大的行动自由，唯一可以称得上"教育"的措施，就是减少外界对婴儿造成的刺激。**切尔尼**极为正确地谴责了强烈的视觉或听觉刺激，这种刺激会导致幼儿的注意力被过早地固化下来。

为了保险起见，**切尔尼**建议以健康、规律的节奏喂食。此外，他坚持认为，大多数医生谴责的摇动、摇晃、吮吸拇指的习惯实际上是完全无害的。然而，假如他了解过度刺激性感官可能产生的后果，以及有节奏的摇摆可能产生的性影响，他大概会建议采取一些预防性措施。可以肯定的是，孩子们需要这些性感觉和其他类似的感觉来实现他们完整的性发育，但他们所需的这种感觉极为有限。明智的教育必须确保这些刺激的剂量适当，因为过量刺激可能会产生有害影响。

值得注意的是对母乳亲喂的提倡，认为母乳亲喂会带来母亲和孩子之间的情感连接，从而使"父母与孩子之间存在的非常重

---

* 弗洛伊德的重要概念"驱力"德文原文为 Trieb，在其著作的早期英译本中作 instinct，中文学界则通常译作"本能"，但"本能"在德文中另有 Instinkt 一词。为了避免混淆，本书统一将 Trieb 译作"驱力"。——编注

要的"关系得到发展。这种观察虽然非常正确,但谨慎、隐晦地暗示了这些关系的性质,显然是性的性质。

这本书,就像其他同类作品一样,粗略谈及性的话题,仅向读者提供了一些关于婴儿手淫的论述。假如儿科医生哪怕仅仅了解一点点**弗洛伊德**的发现,他们就不会为了避免感染的风险,谴责人们亲吻孩子的嘴巴,**埃舍里希**[①]也就不会认为他发明的硼酸奶嘴足以解决婴儿吮吸拇指造成的问题。

迄今为止,**弗洛伊德**的《性学三论》("Drei Abhandlungen zur Sexualtheorie")仍然是该领域知识的唯一来源。有必要从教育的角度评估这一领域的数据,考虑是否有办法防止某些性感区、部分驱力(Partialtrieben)或某些变态倾向占据主导地位,检查能否监控过度反应的形成过程。从事教育事业的人必须牢记,不应扼杀这些构成要素,因为它们对正常性欲来说是必不可少的,同时要防止超越合理界限,不可过度放纵感官。充满智慧的教育应该知道如何创造条件,使涉及性情感的转变和压抑的突然出现不会产生病态的后果。我们今天的做法是,在儿童性发展最为关键的危机时期,让他们在没有得到支持或教导、没有解释或保证的情况下独自面对,这是非常残忍的。相反,孩子应该获得适应于其智力发展的各个阶段的相应的解释。

只有当围绕性主题的那些虚伪的神秘性消失了,并且每个人都能熟悉自己的身体和心智发展过程时——即只有在有意识地专注于这些过程时——我们才能够掌握并升华所有与性相关的情感。

---

① 特奥多尔·埃舍里希(Theodor Escherich,1857—1911),奥匈帝国儿科医生、格拉茨大学和维也纳大学教授。他发现了大肠杆菌并确定了其特性。——译注

只要这些被压抑在无意识中的情感脱离了我们的控制，它们就会像异物一样，扰乱我们精神生活的平衡。selbstbewusst① 一词的双重含义，揭示了语言已经发现自我认知（Selbsterkenntnis）和性格之间具有某种关联②。

有没有什么办法防止性潜伏期的崩溃、自体色欲机制（auto-erotischer Mechanismen）和乱伦幻想（Phantasien）的固化，以及成年人的引诱？这些状况发生得如此之频繁，到目前为止，恐怕我甚至都难以想象有什么好办法。

矫正、夸耀、命令、训斥、体罚——所有这些都需要深刻修正。正是在这方面造成的众多伤害，经常为后来的神经症埋下了种子。

此外，过度溺爱和哄骗孩子，也就是说，以成年人表达爱的方式对他们施加压力，也会产生有害的滞后影响，所有从事精神分析的人对此都非常了解。但是，一旦父母明白这些行为暗含的重要影响，出于对孩子的爱，他们就会避免这种过度的行为。

今天，和过去一样，我们关注的核心必须仍然是言辞的象征符（Sprachsymbolik）和高级心理系统的发展过程。直到现在，这些几乎可以视为教育学的唯一目标。如果老师们明白当孩子们能够运用语言来表达思想时，这是对驱力生活（Trieblebens）的新的倾注，他们也就会理解为什么孩子们的自控能力会随着知识的增加而增强。聋哑儿童缺乏自控能力，可能就是因为他们缺乏

---

① Selbstbewusst，德语，意为"自我意识"，在匈牙利语中写作 öntudat。另有"自尊"之意，与英语中的 self-conscious 意义不完全一致。——译注
② 英语单词 self-conscious 的意思是"害羞、尴尬、局促"，与费伦齐的这一理论相抵触（巴林特注）。

对言语的过度倾注。无论如何，有必要确保教学进行得更为有趣，而且教师在对待孩子的时候，不把自己视为强硬的暴君，而是视为父亲——实际上，他是父亲的代表。

我们能否在幼儿时期通过有针对性的影响，成功地塑造和培养人类性格，这个问题只能交给未来的实验教育学来回答。但是根据我们最近从**弗洛伊德**那里所得知的——我指的是《性格与肛门色欲》("Charakter und Analerotik") 一文——我们知道这种可能性并未被排除。但在将这些想法付诸实践之前，我们还有很多东西要学。

然而，即使没有这门新科学，**弗洛伊德**思想的胜利也会令教育受益。建立在那些思想基础之上的理性教育，可以减轻很多沉重的负担。即便人们——因为他们不必克服如此之大的障碍——没有体验到如此强烈的满足感，他们也能够摆脱那些青天白日下毫无意义的折磨和焦虑，还有半夜三更的噩梦，从而平静快乐地生活。

附录 I *

什么是压抑？它的最佳定义或许是对事实的拒绝。但是，说谎者试图通过隐藏真相来欺骗他人，或者捏造一些不存在的事情，而当今的教育决心实现的是，人必须否认自己内心的种种所思所感。【我们很难定义现行的教育原则。至少可以说它非常接近谎言。不同之处在于，说谎者和虚伪者试图对他人掩盖事实，

---

* 匈牙利文版及法文版未区分正文与附录。——编注

或者对他人表达出一些并不真实的感情和想法，我们的教育则强迫孩子们自欺欺人，对自己否认真实的所知所感。】

精神分析教导说，意识（Bewusstsein）中被压抑的想法与冲动（Strebungen）完全没有被消灭，而是留存在"无意识"中，并自我组织为本能（Instinkte）的一种危险情结（Komplex），对自我而言这一情结是反社会的、危险的———一种寄生的"第二种人格"（zweiten Persönlichkeit）——其倾向与那些能够变得有意识的想法与冲动是完全对立的。

【然而，那些被压抑了的感情和思想，并没有真正地完全消失，而是被压抑并浸没在人类的无意识之中。在儿童接受教育的过程中，这些被抑制的感情和思想不断累积，逐渐增多，以至在人类心灵的最深处形成了一种截然不同的隐秘人格。这种隐秘人格本身具有它自己的目的、欲望和幻想，它们与人类有意识的目标和想法是大相径庭、背道而驰的。】

对于事务的这种状态，人们可能感到满意，因为可以说，这种状态使得合乎社会意图的思维自动化，将反社会的或不合群的倾向降级至无意识，以此来防止这些倾向产生任何有害的结果。然而，精神分析已经证明，这种不合群倾向的消除是不经济的、无效的。无意识中隐藏的倾向只能为强有力安全措施的不由自主的行动所压制和隐藏，而这个过程消耗过多的心理能量。建立在压抑基础上的说教教育，其禁止和威慑的命令与催眠后暗示（Suggestion）的消极幻觉（Halluzination）相类似。因为，正如在足够有力的掌控之下，一个人可以让受到催眠的人在被唤醒时无法感知或识别出特定的视觉、听觉或触觉刺激，所以现今，在教育之下，人类具有**内省的失明**（introspektiver Blindheit）。如此教育之下的人就像受到催眠的人，从其自我

（Ichs）的意识部分汲取众多心理能量，并因此大量损害了自身的行动能力，这首先是因为他在他的无意识之中滋养了另一个人——一个寄生者——这个人天生的自私和不顾一切实现愿望的倾向代表了黑暗的幽灵，即更高的意识为之而自豪的一切善与美之物的负极。其次是因为，意识被迫将自身最强的力量用于构筑防御，用道德说教、宗教教义和社会信条的堡垒，包围隐藏于慈悲与善良背后的不合群冲动，防止被迫承认和欣赏这些冲动。这种堡垒包括责任感、诚实、尊重权威和合法制度等。总而言之：所有那些驱使我们尊重他人、压抑自私的道德品质。

【人们通常对现行的教育体系感到非常满意，因为它支持以社会标准为导向的所谓的正确思想，又压制那些极其自私的甚至是反社会的倾向，并将其浸没在人类的无意识之中，从而使它失去破坏性。然而，精神分析学的研究结果表明，试图消灭反社会倾向的做法，既不灵验也不可靠。为了确保那些潜在倾向一直被压抑、被湮没在无意识中，人类需要建立起一套非常强悍的自我防御体系，以抵抗其自身的自动机制，然而，这一套防御组织消耗了人类过多的精力。建立在压抑真实想法基础上的道德教育，采用的是防卫和恫吓的手段，可以把它比作催眠后的、消极的、幻觉的暗示，因为如同被催眠了的个体在清醒之后，无法回忆起当时全部或者部分的视觉、听觉、触觉上的印象，现行的教育也使人性产生了一种内省的"失明"。但是，这样教育出来的人，就好似被催眠了的人，大量消耗了他人格中意识层面的精力，因而极大地损害了意识的功能。一方面，在无意识层面，他保持了另一种名副其实的寄生人格，这种人格里面包含着天生的自私，以及不惜一切代价满足自己欲望的倾向。这一潜在的人格就好似一个阴影，是一切高级的意识结构追求的善良和美好的"负极"。

另一方面，只有把反社会本能禁锢在道德、宗教和社会的各种教条之中，才会不被意识所承认或者感知到，因此，这就让人们不得不耗费大量力气去遵守这些教条。诸如责任感、正义感、廉耻心、遵纪守法、服从权威等堡垒，换言之，一切道德观念，都要求人们尊重他人的权利，既不觊觎权力，也不放纵沉沦，总而言之，克制我们的自私本性。】

附录Ⅱ

女性歇斯底里症患者的麻木和男性神经症患者的性无能与社会奇怪而不自然的禁欲倾向是一致的。在无意识反常者夸张的反应形成，以及神经症患者病理性洁癖与过度诚实的背后，下流的思想和压抑的力比多伺机而动，我们同样会发现，在过分严苛的卫道士那严格尊重的面具之下，他如此强烈谴责的他人身上的所有思想和愿望冲动都无意识地存在着。过分严苛使卫道士免于看见自身，同时，让他能够践行他遭到压抑的无意识冲动，即他的攻击性。【但是，从另一个角度来说，这一代价高昂的机制有哪些坏处呢？

我在其他文章中已经阐述了精神分析学为个体精神领域的研究提供了新方法，其研究成果表明心理性和神经性的情感障碍（比如歇斯底里症、强迫性神经症）的症状表现只不过是种种力比多——尤其是性方面的力比多倾向——在不自觉或无意识情况下的某种表现，或者某种位移的、变形的，并因此可以说是象征的投射。如果考虑到当今社会众多并且数量仍在增多的人患上心理疾病，也许进行一场教育改革，以避免这种压抑人类真实思想的有害的心理机制，不失为一种很好的预防措施。

从另一方面来说，如果压抑真实思想和情感的这一机制伤害的只是那小部分有先天患病倾向的人，而大部分心理健全的人可以免受折磨，那么我们真应该好好思考一下，是否应该为了那极少数不健康甚至没有太大价值的人而动摇整个人类文化的坚固基础。

然而，经验表明，这一压抑行为也毫无疑问地影响了那些所谓的正常人的日常生活。无意识的过度操心和审查不仅仅局限于那些无意识领域的欲望再现，它的势力范围常常延展到意识领域的心理活动，使得大部分人时常惴惴不安，软弱懒散，无法进行个人反思，从而沦为权威的奴隶。许多人极端地迷信，或者虔诚地信奉某些空洞而没有实际意义和真实内涵的宗教仪式，极度恐惧死亡，怀着多愁多虑的疑病症倾向。这些现象正是由隐藏在意识层面之下的那些压抑的心理活动所引起的，这不就是普通大众心理层面的神经症，一些歇斯底里行为的症状和强迫性行为的表现吗？这和严格意义上的精神病患者的症状难道不是大同小异吗？还有那些女性歇斯底里症患者的麻木，那些男性神经症患者的性无能，以及违背人类自然属性的禁欲行为（比如斋戒、素食主义、严格禁酒等）。那些神经症患者总是通过一些夸张的行为举止来掩饰自己无意识中的败坏反常的倾向，又或者通过病态的洁癖来对抗那些肮脏下流的思想，通过极端的"正直"来掩饰那些十分活跃的力比多的心理机制，人们在并不自知的情况下，通过戴上刚正不阿且充满责任意识的法官的面具，来——不自知地——掩饰人们所批判和指责的自私的思想和行为。人们通过塑造严苛的正直形象来逃避事实，并且为自己隐藏在无意识中的欲望即攻击性，找到一个合理的宣泄途径。】

这并不是一种控诉：这种人是我们社会的精英。我仅仅想要说明，道德化建立在压抑基础上的教育以何种方式引发了一些神经症，甚至对于健康的人来说。这样的社会环境只有在这种方式之下才是可能的，在这样的社会环境中，对个体自由的独断压制以"社会改革"之名得到宣传，宗教部分地作为抵抗死亡恐惧的毒品（亦即，用于自我本位目的的毒品），部分地作为受到许可的相互容忍方式而得到尊崇，在性欲（Sexualität）领域，则无人想去注意每个人持续所做之事。神经症和虚伪的自私是建立在教条基础上的教育的最终效果，这种教育未能关注人的真实心理；在后一种效果中，应谴责的不是自私——没有自私，这个地球上的生命就无法想象——而是虚伪，即当今受教化之人神经症的最典型症状。

【我并不是在控诉，这些人大多属于我们现今社会中的精英阶层，这只是一个真实的事例，可以证明，建立在压抑机制基础上的教育，使得所有正常人身上也不得不产生一些神经症患者的症状，导致在当今社会中，"爱国主义"这个词实际上隐藏着自私自利的目的：高举着追求人类幸福大旗的人，实则正在残暴地销毁个体意愿；推崇宗教的人，要么把宗教当作面对死亡恐惧的解药——自私的导向——要么把宗教作为互不宽容的一个合法借口；至于性层面，这一话题变成了禁忌，人人为之，却无人愿意就此进行谈论。因此，建立在教条基础上的现行教育，否认人类真实心理，其后果就是创造了很多神经症患者和虚伪的自私主义者。至于自私，并不是人类的自私应受到指责，恰恰相反，没有自私，我们无法设想地球上会有任何一种生命存在。我们要批判的是虚伪，这是今日受过教化之人歇斯底里症最为典型的一个症状。】

有些人承认这个事实，但是他们害怕人类文化可能产生的前景，倘若无法再诉诸教条的原则，对此的讨论不再得到容忍，并且这些教条不再指导教育和人的日常生活的话。自私驱力（egoistischen Triebe）一旦解除脚镣，难道不会摧毁千年人类文明的所有创造吗？可能有什么东西能够取代道德的绝对命令吗？

【有些人愿意承认上述客观事实，但是，假如未经呼喊和解释，监督教育和人类一切存在的教条原则便不复存在，那么人类文明会发生什么？有些人一想到这种假设就吓得瑟瑟发抖。完全获得解放的自私本能*会不会把人类几千年来的文明毁于一旦？或者人们能否用另外什么东西来代替道德约束？】

心理学告诉我们可能有替代品。在精神分析完成之后，一个一直以来饱受神经症之苦的患者觉察到他心中的无意识愿望冲动，这个冲动受到主导的道德律令或他自身意识层面的道德观念的谴责，此时，他的症状便消失了。而且，当愿望以神经症症状中的象征形式表现出自身，却因为无法克服的障碍挡道而必须保持未满足状态时，这种情况也会出现。精神分析不会导致自私不受限制的统治，对于个体来说，这些驱力是或者可能是不明智的，反之，精神分析促使人们摆脱妨碍自我了解的种种偏见，识别一直以来的无意识动机（Motive），并驾驭现在进入意识层面的种种微弱欲望（Velleitäten）。【心理学使我们明白这完全是可能的。如果精神分析治疗完成的时候，曾经遭受神经症痛苦折磨的患者可以明确地承认，他曾经亟须满足的那些欲望倾向是违背他无意识层面的心理机制或者意识层面的道德束缚的，那么在这种情况下，症状消除。纵然在经历一些无法克服的困难之后，患者的某

---

* "自私驱力"法译本作"自私本能"（instincts égoistes）。——编注

些欲望仍然无法得到满足,但症状还是消除了。某些神经症的症状实际上是无法得到满足的欲望的表现。因此,精神分析并不是要完全解放那些无意识中的自私本能——更何况,这些本能倾向有可能与个体利益不相容——而是要让人们抛却那些固有观念,使人们真正承认自己的内心世界,理解自己的行为动机,甚至是无意识的动机,让人们可以掌控自己那些变得有意识的冲动。】

弗洛伊德说道:压抑为意识的谴责所取代。外部环境、生活方式几乎不需要改变。

【弗洛伊德说道:"对思想的压抑为有意识的判断所取代。"人类外在的生存条件与生活方式,并不会真正发生多大的改变。】

一个自我了解的人会变得谦虚——除了因这一了解而带来的喜悦之情外。他宽容对待他人的缺点,乐于宽恕;而且,从"理解一切便是原谅一切"* 这个原则中,他所渴望的仅仅是理解——他不觉得有理由去原谅。他分析自己情感(Affekte)的动机,因此防止这些动机增强至激情(Leidenschaften)。他愉快地注视着人类群体打着各种旗号争夺纷抢;在行动上,他没有为人们大声宣告的道德律令所左右,而是为清醒的效率所引导,这激励他持续监控各种愿望,因为这些愿望的满足可能损害他人的权利(他们随后的反应也可能给他带来危险),不过,他并不否认其存在。

【一个真正了解自己内心世界的人,不仅会拥有这种理解力带来的一些非常敏锐的感受,而且会成为一个更加谦逊的人。他对他人的缺点会更加宽容,随时准备着谅解他人。甚至,如果人们参照"完全理解,才能真正地原谅"这个原则,那么他所渴望

---

* 原文为法文"tout comprendre, c'est tout pardonner"。——编注

的唯有理解——他认为自己没有资格去原谅他人。他因此懂得剖析自己的感情，从而不任由其发展成为不可控制的激情。他带着一种泰然自若的幽默感凝视着不同的人类群体，遵从各式命令，挤作一团。指导他的行为的，不再是得到高度颂扬的"道德准则"，而是一种清醒的功效。这种清醒的功效同样促使他小心谨慎地掌控自己的欲望，而不是否认这些欲望的存在，那些欲望若得到满足则可能侵犯他人权利（因而经由所引发的反应，对自己造成危险）。】

上文中，当我声称如今的整个社会都患有神经症时，这并不是在牵强附会地打比方，或是隐喻什么。这也并非句子的某种诗意转向。我真诚地确信这种社会疾病只有一种解药，即毫不伪饰地承认人真实而完整的天性，尤其是承认无意识心理生活的运作方式，这已经不再是无法到达的领域了；预防措施则在于一种新的教育，它以洞察而非教条为基础，合乎将要实现的手段——一种有待未来实现的教育。

【如果前面我断言道，如今的整个社会都患有神经症，这并不是在打个含糊的比方或做个比较。这不是泛泛而谈，而是我深深地相信：社会这一疾病的解药只能是对个体真实而完整的人格的探索，尤其是来自无意识心理生活实验室的探索，在今天，这种探索已经不再是完全无法企及的了；预防措施则在于，教育应该建立在有效和理解而不是教条的基础上。】

现实感的发展阶段*
（1913）

弗洛伊德的研究表明，个体心理活动的发展形式表现为自我对现实世界的适应，即建立在客观判断基础上的现实考验①，取代了最初的快乐原则（Lustprinzip）及其独有的压抑机制，发展为自我对现实世界的适应（Anpassung），即对外在世界的客观评价。从而，人类的心理活动从"原始的"阶段过渡到更高级的第二阶段，第一阶段体现在原始生物（动物、野蛮人、儿童）身上和原始心理状态（如梦境、神经症、幻想）中，第二阶段则指普通人所处的有意识的状态。

一个新生儿在他发展之初，试图通过唯一的欲望暴力（表现）达到满足阶段，直接无视（压抑）无法令人满足的现实，以使自己仿佛具有想要却无法得到的满足。因此，新生儿妄图毫不费力地通过肯定的或否定的幻觉来保障自己的所有需求。"只有所有希望不断落空所带来的失望，才使婴儿开始逐渐放弃通过幻

---

* 德文原题为„Entwicklungsstufen des Wirklichkeitssinnes"，最早发表于《国际精神分析杂志》（*Internationale Zeitschrift für (ärztliche) Psychoanalyse*）1913 年第 1 卷第 2 期。——编注

① 参考弗洛伊德的《超越快乐原则》，在这本书中，弗洛伊德提出了著名的"快乐原则"和"现实原则"。——译注

觉这一方法来实现自我满足。取而代之的是，婴儿的心理机制就不得不为自己而再现外在世界的真实情况，并试图切实地改变外在世界。一个新的心理活动原则从此产生了：得到再现的，不再是令人愉悦的东西，而是真实之物，即便这种真实带来并不愉悦的感受。"①

弗洛伊德在一个重要研究中，阐述了这个基本的心理学根源的问题，但他仅限于明确区分了快乐阶段与现实阶段。虽然**弗洛伊德**也强调了这两者之间存在着一些过渡状态，并且在这些状态中，快乐原则和现实原则这两大心理活动机制是并存的（例如在幻想、艺术和性生活中），但是他并没有明确回答自我心理活动机制从原始阶段到现实阶段的转化，究竟是逐渐完成的，还是分步骤实现的；另外，他也没有明确告诉我们，能否在正常人或异常人的精神生活中划清这些不同阶段，或是辨别出这些阶段的不同变体。

弗洛伊德在之前的一篇文章中为我们深入阐述了强迫性神经症患者（Zwangsneurotiker）的心理活动②，他提醒我们注意，或许可以把填补心理发展的这两大阶段，即快乐阶段和现实阶段之间的鸿沟作为我们研究的出发点。

通过这篇文章我们得知，在分析过程中，强迫症患者承认无法摆脱对自己的思想、情感和或好或坏的愿望的**全能**

---

① F r e u d , „Formulierangen über die zwei Prinzipien des psychischen Geschehens". (Jahrbuch für psychoanalytische und psychopathologische Forschungen, Ⅲ. Bd., S. 1.)
② F r e u d , „Bemerkungen über einen Fall von Zwangsneurose". (Jahrbuch für psychoanalytische und psychopathologische Forschungen, Ⅰ. Jahrg., S. 411.)

（Ａｌｌｍａｃｈｔ）信仰。即便他们十分清楚这种信仰与他们接受的所有教育和他们的全部理智都是相违背的，他们仍然怀有某种**情感**，认为自己的愿望终究会通过某种无法解释的方式得以实现。任何一个分析师对此都不置可否。分析师将会注意到，强迫症患者都相信，别人的幸福或者不幸，甚至生与死，都取决于他们的某些并无直接利害关系的行为或者思想。甚至他们**只需**说出某些神奇的咒语或者做出某个特定的动作，就会给某人招致巨大的不幸（尤其是对近亲）。即便无数的现实经验证明这一想法是荒谬的，他们对这种迷信想法的坚定信念也丝毫不动摇。①

精神分析研究发现，在这些强迫症患者的思想和行为中，隐藏着完全合乎逻辑却遭到压抑的愿望冲动的一些**替代物**（Ｓｕｂｓｔｉｔｕｔｉｏｎｅｎ），因为这些冲动无法被社会容忍。② 对这一点我们暂时先搁置不谈，当我们集中注意力在这些强迫性症状表现上时，就不得不承认这些症状表现本身就已经是一个严重的问题。

精神分析的经验使我细致观察这些症状表现，这种全能感（Allmachtsgefühls）使个体不得不像被奴役的仆人一样，服从不可抗拒的驱力的投射（Projektion）。强迫性神经症是心理生活向儿童发展阶段的退行（Rückfall），尤其明显地表现为患者在愿望和行动之间，无法合理地抑制、延迟或规划自己的思想活动，患者的愿望自发地伴随着立刻实现的姿势：一种避免不快乐来源

---

① 这篇文章写的时间早于**弗洛伊德**在 1913 年写的《**泛灵论、魔法和思想的全能**》(„Ａｎｉｍｉｓｍｕｓ，Ｍａｇｉｅ ｕｎｄ Ａｌｌｍａｃｈｔ ｄｅｒ Ｇｅｄａｎｋｅｎ", Imago，Ⅱ.Jahrg.，Ⅰ.Heft Ⅰ）在这篇文章中，**弗洛伊德**从不同的角度讨论了同一的主题。

② S.Ｆｒｅｕｄ，Sammlung kleiner Schriften zur Neurosenlehre.（Ⅰ.Bd.，1. Aufl，S. 45 und 86.）

或接近快乐来源的行动①。

强迫症患者的心理生活，在其成长过程中经历了压抑（固化［Fixierung］），他的心理生活中的一部分或多或少会逃离意识层面，并且正如精神分析所表明的那样，因此而停留在婴儿状态。他的愿望和行为之间就没有明显的界线，因为在压抑和注意力减弱的作用下，心理生活被压抑的那部分无法学会对两者做出区分。然而他的自我没有经历压抑而继续发展，在教育和经验的双重指引下，自我可以对欲望和行为做出明确的区分，因而患者备受折磨。因此，强迫症患者的心里就产生了难以理解、互相矛盾的现象，他意识清醒，却又执迷不悟。

把全能感解释为一种自动象征化的（autosymbolisches）现象②，这一解释不能完全令我感到满意。我自问：**儿童**哪里来的勇气可以把欲望和真实的行为视为同一？是哪种自信（Selbstvertraulichkeit）让他胆敢把手伸向任何物品，无论是悬在天花板的灯，还是高高挂在天上的月亮，并且坚信通过这一手势就可以触摸到物品，甚至将其攫取到手中？

我回忆起**弗洛伊德**对强迫症患者做出的假设，他们承认奇幻的全能幻想中"带有一种古老的夸张的童年期狂妄（Kindergrößenwahnes）"。从这一观点出发，我试图寻找强迫症患者的全能幻想的起源，并厘清它的发展方向。同时，我也希望从自我的

---

① 大家都知道幼儿几乎条件反射一般地会把手伸向闪闪发光的物体，或者任何一个他喜欢的物品。一开始，他们甚至无法克制自己的"坏习惯"，只为了获取快乐。当一位母亲禁止小男孩用手指抠鼻子时，他会回答说："不是我，是我的手想抠鼻子，我管不住它。"

② 西伯尔（Silberer）称这种现象为得到象征化再现的自我感知（Selbstawahrnehmungen）。

快乐原则到现实原则的演变中学到新的知识,因为,通过无数的经验累积,我基本上认为:从童年期的狂妄(Größenwahns)到承认强大的外在自然力量,这种替代(由经验驱动)构成了自我发展(Ich-Entwicklung)的本质内容。

弗洛伊德宣称,沦为快乐原则的奴隶无视外在世界,这样的组织是虚构出来的,但是小婴儿就几乎如此,如果我们考虑到母亲的照料的话。① 我想补充一点,人生有一个阶段就实现了这一理想,仅仅处于快乐原则支配之下,甚至可以说,这种状态不是想象的或者接近的,而是切切实实、完完全全的。

我想到了我们还处于母体子宫中的人生阶段。在这一阶段,人类就像寄生虫一样寄生于母体之中。在这个生命的最初时期,"外部世界"几乎不存在;胎儿对呵护、温暖和营养的需求,都由母亲所保证。实际上,胎儿甚至不需要花费任何力气,就可以获得满足生命需要的最基本的食物和氧气,因为这些物质经过一些生理组织,就直接输送到婴儿的血管中。相比之下,例如一条肠道中的虫子,就需要做出很多努力"改变外部环境"才能存活。相反,胎儿存活的重任就几乎完全落在母亲的身上。所以,如果人类在母体子宫中就已经有了心理生活,哪怕是无意识状态的——如果认为人类是在出生的那一刻才开始有了心理活动,这种观点是荒诞的——胎儿由其存在这一点就应该体验到一种**全能**。那么"全能"是指什么呢?它是指一个人拥有他所想要的一切,并且不再有任何其他愿望。胎儿在子宫中就处于这种完满的

---

① Jahrbuch für Psychoanal. Ⅲ., 1. S., 2. Fußnote. 同时参见**布洛伊勒**(Ｂｌｅｕｌｅｒ)和**弗洛伊德**之间有关这个问题的争论(Ｂｌｅｕｌｅｒ, „Das autistische Denken", Jahrbuch, Ⅳ. Band)。

状态，因为他时时刻刻需要的所有东西都完全得到了满足①，就不再有任何欲望，也没有任何其他需求。

因而，就其自身的全能而言，"童年期的狂妄"的全能并不是一种**空洞**的幻想，儿童和强迫性神经症患者并没有对现实做出什么不切实际的要求，他们只是顽固地要求他们的欲望必须得以实现。他们只是要求**回归**到曾经有过的无条件的全能状态，即回到他们曾是全能的那些"美好的旧时光"。（**无条件的全能时期** [Periode der bedingunslosen Allmacht]。）

正如人们认为物种在演变的历史过程中保留着记忆的痕迹，我们有更充分的理由相信，胎儿在母亲子宫的心理活动的痕迹可以一直影响到他出生以后的心理结构。儿童在出生那一瞬间的行为，就有力地证明了心理过程的这样一种延续性。②

新生儿适应现实的方式是不尽相同的。他有不同的需求，这种全新的环境对他来说是所有不快乐的根源。一旦从母体中"释放出来"，新生儿就不再拥有母体通过脐带传输的氧气，他不得不费尽力气进行自主呼吸。尽管在母体子宫中就已经预先发育成的呼吸系统，可以使他在出生时立马就**主动地**进行呼吸，然而，如果我们仔细观察新生儿的其他行为，我们会觉得他对这突如其来的变化，并不感到高兴，因为他再也不能享受在母体中完全满足的没有任何欲望的那种安宁，甚至**他会竭尽全力地渴望重新回**

---

① 如果胎儿的母亲生病或者脐带受了感染，在这样的干扰之下，个体在子宫内就感受到自身的需求，并且他的全能感遭到剥夺，这使其不得不为了"改变外部世界"而做出努力，也就是说，进行工作。这种努力可以表现为，在受到窒息威胁的情况下，胎儿会从羊水中吸气。
② **弗洛伊德**曾明确地指出，儿童在出生过程中的感觉很有可能造成了他最初的焦虑感，而这种焦虑感将成为未来所有焦虑和所有不安的原型。

现实感的发展阶段（1913）

到这一情境中。照顾儿童的大人们凭直觉感受到了儿童的这个愿望，因而，一旦他通过哭喊或者躁动来表达自己的不舒适，人们就把他安置在一个尽可能像母体子宫的环境中。人们把他放在母亲温暖的身体旁，或者用一些温暖而柔软的鸭绒被来包裹他的身体，给他受到母亲般温暖保护的幻觉。人们保护儿童的眼睛不受强光的照射，使他的耳朵免受噪声的干扰，这样就可以使他好像还处于母体子宫阶段一样，免受任何刺激；再或者，人们重复一些温和而单调的刺激（例如，当母亲走动时的晃动、母亲的心跳声，还有从外界渗透到母体内部的轻微声音），摇动他，在他耳边轻唱一些旋律简单的摇篮曲，就像他在母体子宫中感受到的那样。

如果我们尝试着，不仅从情感的角度去理解新生儿（就像照顾新生儿的大人们做的那样），而且从思想的角度去理解他，那么我们必须承认，实际上，儿童的悲伤的哭喊和不安的躁动是他明显很难适应突如其来的令人不快的**扰乱**（Störung）的一种反应，因为在出生以前，他一直处于一种完全满足的状态。由弗洛伊德在他的著作《梦的解析》[1]中阐释的反思出发，我们可以假设，这种**扰乱**带来的第一个结果就是，对已经失去了的完满状态的幻觉式重新占有（halluzinatorische Wiederbesetzung），这种状态，也就是在母体中温暖而平安的完全安宁的存在状态。因此，儿童的第一个欲望只能是重新回到那种状态。令人感到惊奇的是，只要大人们正常地去照顾儿童，他的这一幻想就会得以实现。所以，从儿童的主观角度来说，他在母体中曾经享受到的无条件的全能感转变为幻想的全能感，而且为了完全实现他

---

[1] Freud, Traumdeutung. Ⅲ. Aufl., S. 376.

的欲望，他并不需要对外部世界做出任何改变。儿童完全还没有建立起来任何的因果联系，也完全意识不到照顾他的大人们的存在，他以为自己拥有某种神奇的魔力，他一幻想，所有的欲望就都能得到实现。(**神奇幻觉的全能时期**[Periode der magisch-halluzinatorischen Allmacht]。)

从照顾儿童的大人的行为举止中，我们可以看出，大人们显然猜到了儿童的这些幻想。一旦儿童最基本的需求得到满足，他就安静下来，并且进入"睡眠模式"。因此，实际上，**最初的睡眠只不过是子宫内部情境的成功重现，这种情境使儿童尽量免受任何外界的刺激**，并且他的生理功能使他能够集中全部精力来成长和再生，而不消花费任何力气完成任何外在的事情。限于篇幅，对于观察到的情况我不便在此做出详细解释，但这些现象使我相信，即便是后来的睡眠，也不过是对神奇幻觉的全能阶段的一种周期性的、重复性的退行，并且通过这一过渡阶段，人们可以幻想回归到母体子宫的彻底的全能状态。根据**弗洛伊德**的理论，任何生物都拥有依据快乐原则而躲避现实世界的刺激的机制。[1] 或许睡眠和梦境就是在完成这一机制的某些功能，换言之，幼儿的幻觉的全能感依然残留在成年人的生活中。那些精神病患者在幻觉中实现各种欲望，这在病理上等同于这种退行。

由于满足欲望的需要会周期性地出现，而外部世界并不知道这种冲动何时出现，很快，这就导致了通过幻觉或者想象来满足欲望不再可能。这种满足取决于一个新的条件：儿童必须发出一些信号，也就是做出一些动作，即便是不恰当的动作，以使外界环境朝着他的欲望的方向去改变，因而，"再现的认同"也就被

---

[1] Freud, Jahrbuch für Psychoanalyse, Ⅲ., S. 3.

现实感的发展阶段（1913）

令人满意的"感知的认同"所取代了①。

在幻觉的全能阶段，儿童因为他的一些愿望未能得到满足而产生了不愉快感时，一系列不协调的发泄性的动作（哭闹、躁动）就已经开始表现出来。现在，儿童会把**这些**动作当作神奇的信号来使用，一旦他做出某些动作，立马就能获得他想要的东西（当然这完全得益于外部世界的支持帮助，然而儿童自己完全没有意识到这一点）。在这一过程中，儿童的主观感受大概是，自己成为一位真正的魔法师，只需要某一个特定的动作，他就可以任意挑战外部世界中最为复杂的各种事件。②

我们注意到，随着人类的欲望的愈加复杂，他的全能感必须满足各种各样的"条件"才能实现。很快，这些零散的动作不足以诱发满足状态。随着儿童的不断长大，他的欲望的表现形式也越来越具体而多样化，这就要求他必须发出一种特定的信号。这就是最初当儿童需要食物时，他会模仿吮吸的动作，他也会借助声音和腹部收缩来告诉大人，他希望换尿不湿。儿童还逐渐学会

---

① S. Freud, Traumdeutung. Ⅲ. Aufl., S. 376.
② 如果在病理学范围内寻找一种和儿童这种发泄行为相对等的行为方式，我无法不联想到**原发性癫痫**（genuine Epilepsie），这是神经症中最严重的一种。我得承认在癫痫症中，生理和心理的反应很难完全区分，但同时，我也注意到那些癫痫症患者通常都是非常"敏感"的人，任何微小的事情都会让他们原本柔顺的性格变得暴躁易怒，并且难以控制。到现在为止，这种性格特征通常被视为某些频繁发生的刺激所造成的继发性退化。但是我们也应该考虑其他的可能性：我们是否可以认为，癫痫症的发作正是因为患者退回到儿童时期，**试图通过一些不协调的动作满足自己的愿望**。因此，内心积累了很多的不愉快的感情，通过阵发性的症状发作来进行宣泄，这样的人便是癫痫症患者。如果这种解释可以说得通，我们可以把后来发生癫痫症的时间上的固化点定位到这个愿望表达尚不协调的时期。——顿足、抽搐、牙齿打战等等，这些行为是大部分人在**愤怒爆发**的时候所共有的。另外，即便是一些十分健康的人，有时也会发生同样的退行。

伸手去抓他想要的物体。于是,儿童就形成了一种真正的姿势语言,通过一些恰当的动作组合,来表达某些具体的需要,于是他的欲望也就经常能得到满足。所以,只要儿童能遵守一些特定的条件,通过恰当的动作来表达他的愿望,此时,他就仍然认为自己是全能的:这就是**借助于神奇姿势的全能时期**[Periode der Allmacht mit Hilfe magischer Gebärden])。

这一时期的特点在病理学上也有相应的表现。弗洛伊德在**歇斯底里症的转变**中发现①,患者令人震惊地从思想的世界突然退回到各种躯体过程的世界,这种突然退回可以理解为向神奇姿势阶段的退行。实际上,根据精神分析学理论,那些歇斯底里的叫喊是人们试图借助一些动作来实现被压抑了的欲望。在正常的心理生活中,无数的迷信姿势,或者在一些其他领域被视为有效的(诅咒姿势、祝福姿势、双手合十的祈祷)方式,是一种现实感的发展过程的残留物,人们仍然认为自己还拥有足够神奇的力量,可以借助这些微不足道的体势干预宇宙的正常秩序——甚至那时候的人们还不完全了解宇宙的存在。预言家、占卜者、动物磁疗者(Magnetiseure)仍然相信他们的某些姿势具有全能的力量,不要忘了,那不勒斯人正是通过一个有象征意义的姿势躲过了诅咒。

随着各种需要的愈发复杂和多样,一方面,如果个体想要满足其欲望,他就不得不服从各种各样的"条件",另一方面,他的欲望也变得越来越大胆,即便他完全遵照以前十分有效的方式行事,他的欲望仍然难以得到满足。向外伸出去的手常常会一无

---

① 参见弗洛伊德《歇斯底里症研究》(„Studien über Hysterie", Deuticke, Wien)中的相关论述。

所获，他觊觎的物品也没有因为那些神奇的姿势而出现。甚至，有可能存在一个强大的对抗力量，总是禁止他的动作，并且把他伸出去的手放回到原位。如果说，至此，"全知全能"的存在者觉得，他与完全听命于他并且服从他发出的信号的宇宙是同一的，那么，在他的生活中，一种痛苦的不一致感开始逐渐地产生了。他不得不把他的"自我"与某些对抗其意愿的险恶之物区分开来，视之为**外部世界**，也就是说，他把主观心理内容（情感）与客观化的内容（敏感的印象）区分开了。以前，我把在最初的所有经验感受都包含在自我当中的阶段称为心理的**内摄阶段**（Introjektionsphase），把后续阶段称为**投射阶段**（Projektionsphase）①。根据这个术语，现在我们可以把那些全能的阶段称为内摄阶段，把现实阶段称为自我发展的投射阶段。

然而，即便儿童承认了一个外部世界的客观存在，他也不是一下子就把自我与非我完全区分开来。当然，儿童开始慢慢学会只满足于占据外部世界的一部分，而剩下的部分，也就是外部世界，常常与他的欲望相抗衡。但是，这并不妨碍儿童仍然把他在自己身上所发现的一些特点即他的自我的一些特点投注到外部世界。所有经验都告诉我们，儿童在学习客观事实的过程中，好像经历了一个万物有灵的阶段，在这个阶段，所有的物体都好像带有生命，儿童试图在这些物体上寻找他自己的器官和运行机制。②

---

① Ferenczi, Introjektion und Übertragung, Jahrbuch für Psychoanalyse. Ⅰ. Bd. (Separatabdruck bei Deuticke, Wien.)
② 有关泛灵论，亦可参见汉斯·**萨克斯**博士的论文《自然的感情》（Hans Sachs,„Über Naturgefühl", Imago, Ⅰ. Jahrg, 1912)。

曾经有一天，有人这样嘲讽精神分析学，他说根据精神分析理论，"无意识"认为所有凸型的物体都是阴茎，所有凹进去的物体都是阴道或者肛门。在我看来，这个说法也颇有道理。儿童的心理（以及在成年人身上一直存在的无意识）怀有——有关自己的身体——先是独一无二后来是占优势的兴趣，去满足自身的冲动，去享受排泄功能和诸如吮吸、吃东西、抚摸性敏感区域等活动所带来的快乐。因而，如果儿童把他的注意力都首先集中到外部世界的某些物品或者某些行为上，这些都使他联想到那些他的最美好的体验，哪怕这种联系看起来十分遥远，也就没什么值得大惊小怪的了。

也正是如此，在人类的身体和外部世界的物品之间才得以建立起一种深刻的联系，我们称之为**象征性**关系。在这个阶段，儿童在外部世界只看得到自己身体性（Leiblicheit）的再生产，另一方面，儿童也学着通过自己的身体来想象和理解复杂多样的外部世界。这种象征性的理解天赋代表着一种十分重要的姿势语言的进步。这种才能使儿童不仅能够针对与自己身体直接相关的欲望发出信号，而且可以表达出一些对外部环境做出改变的欲望。如果儿童处在充满关爱的照顾之下，他就不一定会完全放弃全能幻想，即便是在其存在的这一阶段。在多数情况下，他仍然只需要象征性地想象着某个客体，这个东西（东西都是被他赋予了生命的）就会"**来到**"他的身边。这大概就是处于这一泛神论思想阶段的儿童在欲望得以满足时所体验到的感受。然而，由于他的欲望能够得到满足这件事并不是确定的，这使他预感到某种更高级的"神一样的"（实际上是母亲的或者照顾者的）力量存在着，因此，他不得不去努力获得恩宠以使自己的欲望能在某些神奇的姿势之后得以满足。不论如何，儿童的欲望很容易就能满足，尤其是如果照顾儿童的大人们都很愿意让步的话。

为了想象他的欲望和他想要的物品，儿童开始使用一种比其他任何再现方式都更为有效的身体"方式"，那就是语言。最初①，语言是模仿，亦即口头重现声音或者物体所发出的噪声，或者二者的结合。发音器官的灵活使用，使儿童可以清晰表达出外部世界各种各样的物品和事件，这远远比姿势语言更简单有效。姿势象征主义便被言语象征主义所取代：一系列的声音与某些特定的物或者过程产生了紧密的联系，并且甚至**等同于**这些特定物或过程。这是一项非常重要的进步的出发点：辛苦的画面想象（Vorstellung）或者更为辛苦的戏剧**表演**（Darstellung）变得没有用处了；构想和再现我们称之为单词的这些音素使得更省事、更准确地表达欲望成为可能。与此同时，言语象征主义与本身处于无意识状态的思想过程相关联，赋予了这些过程可以为人所感知的特性，因而使得思想变得有意识了。②

借助于声音符号的有意识的思想无疑是心理机制的最高成就，也是使得适应外部现实成为可能的唯一方式，推迟反应性动力发泄和不满情绪的释放。无论如何，即便是在这一发展阶段，儿童仍然能保留自己的全能感。由于这一时期儿童的愿望仍然很少而且相对简单，照顾儿童的大人们，由于和他亲密接触并且十分关心他的健康，很快就能猜到他的大部分想法。尤其是儿童在表达想法的时候，通常带有各种表情，这使得大人们更容易读懂

---

① S. Kleinpaul, Leben der Sprache (Leipzig, 1893); Dr. Sperber, Über den Einfluß sexueller Momente auf Entstehung und Entwicklung der Sprache (Imago, 1912).
② S. Freud, Traumdeutung. Ⅲ. Aufl., S. 401; Jahrb. f. Psychoanalyse. Ⅲ. Bd., S. 1.

他的想法。再加上，一旦儿童能用词语来表达自己的欲望，周围的大人们就更是急切地想要满足他。这样，儿童就真的认为自己具有一种神奇的能力，他从此便进入了**神奇思想和神奇词语时期**[Periode der magischen Gedanken und der magischen Worten]①。

正如**弗洛伊德**的研究所证明的，强迫性神经症患者正是退行到现实感的这一时期，他们似乎是沉浸在思想和言语表达的全能感中而无法自拔，以至用思想取代了行动。在迷信、巫术及宗教崇拜中，人们相信某些祷告、诅咒或者一些神奇的表达方式仍然具有不可抵抗的力量，只要在内心里想或者大声说出某些话，就足以生效。②

人类的这种几乎无法治愈的狂妄自大只是在某些神经症患者那里才在表面上被戳穿，很多患者自己承认，他们狂热地追求成功是因为内心笼罩着一种**自卑感**（Minderwertigkeitsgefühl）（**阿德勒**［Adler］）。深入的精神分析研究表明，在所有的这些情况当中，自卑感是患者在童年的最初时期形成的**过度全能感**的一种反应，在以后的成长过程中，这种过度的全能感使得他们无法承受任何挫折，虽然我承认这一点并不能作为神经症的最终解释。这些患者所表现出来的十分明显的野心，不过是一种"被压抑之物的回归"，是一种绝望的尝试，因为他们渴望通过改变外部世界而重新找回曾经毫不费劲享有的全能感。

我需要再次指出：只有在母亲的怀抱中，儿童才可以活在

---

① 当然，对"魔法"的心理学解释并不排除在这种信仰中存在一种预感的**可能性**（如心灵感应等）
② 这种全能感（驱动力）也常常表现为一些淫秽的单词。参见 S. Ferenczi, Über obszöne Worte. (Zentbl. f. Psychoanalyse, Ⅰ. Jahrg.)。

他们曾经真的享受过的全能的愉悦幻想中。完全是由他们的"守护神"（Daimon）或者"命运女神"（Tyche）来决定他们在以后的成长过程中，能否保留自己的全能感并成长为一个**乐观的人**，或是去壮大悲观主义者的队伍。这些悲观主义者永远无法放弃自己的不合理的无意识的欲望，总是因为一点点无关紧要的原因就感到被冒犯或者被伤害，他们认为自己是被命运抛弃的孩子——因为他们无法一直当那个**独生子**或者**被偏爱的孩子**。

弗洛伊德认为，儿童只有在心理层面上完全脱离了父母，才能真正摆脱快乐原则的支配。也正是在这一阶段，全能感开始让步于对外部世界的客观力量的承认，而这也是因个体差异而不尽相同。现实感在思想领域达到了顶峰，而与此同时，全能的幻觉也跌落到了谷底。曾经的全能变成了只有在某些"条件"下才能实现（条件主义或者决定论）。尽管如此，我们在自由意志的理论中发现了一种乐观的哲学教条，这种哲学教条仍然令各种全能的幻想成为现实。

我们的欲望和想法是受到限制的，承认这一点意味着一种最大限度的正常**投射**，也就是说最大限度的客观化。但是有一种心理疾病，也就是妄想症（Paranoia），主要特征表现为甚至把自己的想法和欲望强加到、投射到外部世界。① 我们似乎可以把这种精神疾病的固化点定在完全放弃全能感的阶段，也就是现实感

---

① S. Freud, Die Abwehr-Neuropsychosen (Kl. Schriften zur Neurosenlehre. S. 45); Freud, Psychoanalytische Bemerkungen über einen autobiographisch beschr. Fall von Paranoia; Ferenczi, Über die Rolle der Homosexualität in der Pathogenese d. Paranoia (Beide im Jahrb. für Psychoanalyse, HI. Bd.).

的投射阶段。

　　直到现在为止，我们只是把现实感的发展阶段看作一种自私的冲动，即"自我冲动"（Ich-Trieben）。其目的在于保存自己（Selbsterhaltung），然而，就像**弗洛伊德**观察到的那样，现实与"自我"，比现实与性欲有着更密切的关联，一方面是因为性欲更加独立于外部世界（因为在很长时间以内，性满足可以通过自体色欲［Autoerotismus］而获得），另一方面是因为性欲在整个潜伏期都是被人们压制的，与现实并没有产生任何联系。因此，性欲在人的整个一生中，都是从属于快乐原则，然而"自我"不得不承受现实带来的所有的苦涩失望①。现在，我们从**性的发展**来研究**全能感**，快乐阶段的典型特征就是全能感，这时，我们就会发现，"**无条件的全能时期**"一直持续，直到放弃自体色欲式满足模式，而此时，"自我"早已适应了越来越复杂的外部现实，在度过了神奇的姿势和语言的阶段之后，自我已经几乎能够承认自然的力量才是全能的。所以，自体色欲和自恋情结（Narziβmus）就是**色欲的全能阶段**，由于自恋情结从来没有完全消失过，而是与客体色欲（Objekterotik）同时存在的，因而我们可以说——如果一个人仅仅爱自己——就爱而言，一个人一生都可能保留全能的幻觉。自恋之路同时也是退行之路，在一个人因为爱的客体而遭受了无数的失望之后，这条路仍然是畅通的，这一现象是众所周知的，甚至不需要我们去证明。在**妄想痴呆症**（Paraphrenie［Dementia praecox］）和歇斯底里症的症状表现中，我们发现了自体色欲和自恋情结的倒退，与此同时，

---

① Freud, Formulierungen etc., Jahrb. f. Psychoan., Ⅲ. Bd., S. 5.

我们也在强迫性神经症和偏执狂的症状中发现了，症结在于某种程度上"**色欲的现实**"（erotischen Realität）发展出现了问题（**找到一个客体对象的必要性**）。

坦白说，我们还没有做出充分的研究来证明所有的神经症与自我发展的关联，因而我们应该满足于**弗洛伊德**有关**神经症选择**的一般表述，"在自我发展阶段和力比多发展阶段，如果容易发生某种抑制机制"，以后就更容易出现某种障碍。

但是，我们已经可以给这句话做个补充。根据我们的假设，神经症的**欲望强烈程度**，也就是症状所表现出来的已完成的色欲的方式和目的，是由**力比多发展在固化时所处的阶段决定的，至于神经症的机制，则很可能是由个体所处的自我发展的阶段决定的，在这一阶段中个体容易发生抑制**。另外，我们也完全可以想象，当力比多朝着早期的发展阶段退行时，在固化之时占据支配地位的现实感进展阶段，在种种症状的各种形成机制中突然重新出现。由于神经症患者的当前自我无法理解这一"现实的痛苦"的旧有模式，他的自我发展不可避免地被用来进行压抑，并且用于再现被禁止的思想和情感的各种情结。根据这一设想，诸如歇斯底里症、强迫性神经症等的特征，一方面就表现为力比多朝着早期的发展阶段的退行（**自体色欲、眼自伤**［Ödipismus］）；另一方面，就**其机制**而言，则是其现实感退回到**神奇姿势**（转变）或者**神奇思想**（**思想的全能**）阶段。我们再次指出，在确定所有神经症的固化点之前还有很多工作要做。我前面的陈述只是指出一种在我看来十分合理的解释。

至于我们对现实感的**种系发生**（Pylogenese）所做的设想，就目前来说也只是一种科学的预言。很可能将来有一天，我们可以将自我的不同发展阶段，以及各阶段的神经症退行类型，与人类历史所经历的各个阶段联系起来，正如**弗洛伊德**在原始人的心理生活中发现了强迫性神经症患者的心理特征①。

总体来说，现实感的发展是通过压抑的一系列推力来实现的，人类受制于这些推力，是出于需要，迫于适应中的受挫，而非出于自发形成的种种"演变倾向"。人类所承受的第一个巨大的压抑就是他出生的过程所必然带来的，毫无疑问，出生并不是一个主动的共同合作的结果，并没有征求儿童的"意愿"。胎儿肯定宁愿永远待在安宁的母体子宫中，但他被毫不留情地带入这个世界中，就不得不忘记（压抑）他偏爱的各种满足模式，并要让自己适应其他模式。同样残酷的游戏在每个新的发展阶段都要重复发生②。

或许，我们可以大胆提出假想，地壳的地质变化及其所带来的灾难性后果，使得人类的祖先不得不压制自己喜欢的行为习惯，并且不断适应"演变"。这些灾难很有可能成为人类进化史的一些压抑关键点，灾难的强度和发生的时间点可能决定了人类的性格和神经症。根据**弗洛伊德**教授的发现，人类的性格特征是人类史的沉淀物。既然我们已经在不确定的知识领域中畅游了这么远，那么我们也不要在最后一个类推面前停滞不前，那就是我们个人发展阶段的**潜伏期**中的巨大压抑推力与我们的祖先所承受的最后一次也是最严重的灾难相关，这个灾难亦即**冰川时期**的巨

---

① Freud，Über einige Übereinstimmungen im Seelenleben der Wilden und der Neurotiker. „Imago"，„Zeitschrift für Anwendung der Psychoanalyse auf die Geistes-wissenschaften". Ⅰ. Jahrg. 1912.

② 如果我们按照这种方式进行推理，那么人们必须让自己熟知这样一种思想，即可以说人的机体器官存在着一种惰性或者一种退行的倾向，人类的进化和适应倾向则只依赖于外界刺激。

大灾难（在那个时候地球上毫无疑问已经有人类存在）。并且，在每个个体的生活中，我们都还忠实地重演着这一灾难①。

正是对全知的狂热欲望使我在这最后一段追溯了遥远而传奇的历史，并借助类比，战胜了仍为我们所未知之物，使我重新回到我这些思考的出发点：全能感的顶峰和衰退问题。就像我前面所说的那样，科学应该放弃这一幻觉，或至少应该懂得这一幻觉何时渗入假设和幻想。相反，在**童话故事**里，全能的幻想仍然占据着完全的统治地位②。在我们不得不谦逊地屈服于大自然的力量之处，童话故事却通过其常见的主题而顺从我们。在现实生活中，我们是弱小的，而童话故事中的英雄则是强大和不可战胜的；在我们的活动和知识中，我们是为时间和空间所束缚的，而在童话故事中，人是不死的，并且可以同时存在于多个地方，人类能预知将来，了解过去。人世间所有的艰难困苦每时每刻都在阻碍我们前进的道路，但是在童话故事中，人有了翅膀，他的眼睛可以看穿墙壁，他神奇的魔杖能推开所有的门。现实对人类的生存而言，是一场艰苦的斗争，而在童话故事中，只要说一句神奇的咒语就足够了："小桌子，藏起来。"我们总是生活在担忧之中，永远惧怕被一些危险的动物或者强大的敌人所攻击，而童话

---

① 人们放弃熟悉的机制（演变）绝不是一种自发的倾向，而是通过外界施加的压力，这种观点似乎难以得到证实，因为演变总是产生在真实的需求之前。例如，我们在子宫内的时候呼吸器官已经预先发育好了。但是，这只发生在**个体发育**（Ontogenese）中，我们可以把这种现象看作为了实现物种保存的人类进化过程的概要。某些动物性的游戏活动（格罗斯［即 Karl Groos，1861—1946，德国哲学家、心理学家——编注］）也并不是物种将来某个功能的雏形，而只是重复以前系统发育遗留的习惯。这里只是提供一种因果解释和历史解释，而不是一种终极因果论的观点。

② 参见 Fr. Riklin, Wunseherfüllung und Symbolik im Märchen. (Schriften zur angewandten Seelenkunde, Heft 2. Verlag von Deuticke, Wien.)

故事里的魔杖可以让它们变形,并且立马使我们免受侵害。在现实中,想要获得可以满足我们所有欲望的爱是多么艰难,但在童话故事里,英雄是令人无法抗拒的,他只需要采用一种神奇的姿势,即可施展魅力。

因而,在童话故事中,成年人那么乐于向孩子们讲述他们自身未得到满足并被压抑的欲望,实际上,童话故事把已经丧失的全能情境变成了一种极端的艺术再现。

公鸡小孩*
(1913)

我过去的一个患者也参与了我在精神分析领域的研究,她跟我讲述了我们可能感兴趣的一个小男孩个案。

那个小男孩叫阿帕德(Árpád),当时五岁,周围的大人一致认为,直到三岁半以前,他的智力和身体发展都很正常,完全是一个正常的孩子,他可以流利地讲话,而且他说出来的话都表明他是一个十分聪明的小孩。

后来,发生了一个突如其来的变化。那是在1910年的夏天,他们全家到奥地利的一个水城避暑,租住在一栋乡下的别墅中,就在前一年夏天,他们家也租住在这同一栋别墅中。这次,一到这个住处,小男孩的行为举止就变得十分奇怪。以前,他对屋里屋外能够吸引孩子的一切事物都很感兴趣,现在他只对一样东西感兴趣,那就是这所乡下房子院子里的**鸡棚**。每天早上天刚蒙蒙亮,他就跑到一只鸡旁边,然后不知疲倦而且饶有兴趣地观察它,模仿它的叫声还有神态。如果大人们把他从饲养场边强行拖开,他就大哭大闹。然而,即便是远离鸡棚,他也只做一件事,

---

* 德文原题为„Ein kleiner Hahnemann",最早发表于《国际精神分析杂志》1913 年第 1 卷第 3 期。——编注

即模仿鸡叫，要么模仿公鸡喔喔叫，要么模仿母鸡咕咕叫。他可以一连模仿好几个小时而不知疲倦。大人们问他问题，他也只用这样的动物叫声来回答。他妈妈开始非常担心他会不会因此忘了如何说话。

小阿帕德这些奇怪的行为举止一直持续了整个暑假。然后，在他们全家搬回布达佩斯后，他就重新开始使用人类的语言，但是他谈话的内容几乎只限于公鸡、母鸡和小鸡，最多会说说鹅和鸭子。他每天重复无数遍的游戏总是：把报纸揉成一团，当作母鸡或公鸡，并且假装要卖这些鸡，然后，他随手拿起一个东西（常常是一个小刷子），当作杀鸡刀，再把他的"鸡"拿到水龙头下面（事实上，他家的厨娘通常就是在那里杀鸡），把鸡头砍下来。他模仿鸡是怎样流血直到完全死掉的，从姿势到声音，他都模仿得惟妙惟肖。

当有人在外面叫卖鸡时，小阿帕德就坐不住了，他跑到门口，然后一会跑进来一会跑出去，非要他妈妈买下几只鸡。他表现出浓厚的兴趣看人们杀鸡。但是，他又非常惧怕活鸡。

他的父母问了小阿帕德很多次究竟为什么这么怕鸡，他每次都回答以同一个故事：有一天，他到鸡棚里面尿尿，就在这时，有一只小鸡或者一只阉鸡，长了一身的黄色羽毛（有时候他说是棕色的），走过来并且咬了他的阴茎。然后，伊罗娜——他们家的女仆，包扎了他的伤口。最后他们把这只鸡的脖子砍断了，它就"死"了。

不过，孩子的父母也确确实实记得此事，那是在他们在水城度过的**第一个**夏天，小阿帕德那时候只有两岁半。有一天，这个母亲听到孩子发出了十分可怕的叫喊声，女仆告诉她，有一只鸡试图咬他的阴茎，而他感到无比害怕。由于伊罗娜已经不在他们家工作了,也就无从得知小阿帕德当时是不是真的被鸡咬到了,抑或(就像他妈妈记忆中的那样),伊罗娜只是假装给孩子包扎了一下,目的是让他平静下来。

  这个故事十分特别的地方在于,儿童对此事的心理反应是在经历了一整年的潜伏期之后才爆发出来的,也就是在他们第二次到这个乡下房子里小住的时候,在这两次间隔的时间里,没有发生任何特别的事,可以让他身边的大人解释得了为什么他突然又对鸡产生了惧怕和兴趣。但是,我没有在这些表面情况停滞不前,我继续向孩子身边的大人们提了一个问题,这是精神分析治疗的经验向我证实的一个重要问题,那就是,在这段时间内,有没有人威胁孩子——这种事经常发生——当孩子触摸自己的性器官的时候,要切掉他的阴茎。人们给我的回答是,孩子在目前的年龄(五岁)非常喜欢玩自己的阴茎,而大人们看到了就会惩罚他,所以有一天哪个人威胁(玩笑话)要切掉他的阴茎也不是不可能。另外,阿帕德在很久以前就开始有这个坏习惯。当我问到在那一年的潜伏期内,他是否这样做的时候,大人们已经记不得了。

  我在后续的观察中也发现,阿帕德的确深受这个威胁的困扰,所以我们可以做个假设,那就是在那一年的时间内,孩子受到了很多威胁,情感上遭到了很大打击,以致让他回忆起那个可怕的经历,他的阴茎的完整性第一次受到同样威胁的场景。当然,我们也不能排除另一种可能性,那就是孩子第一次受到过度的惊吓,之后又受到了阴茎被割的威胁,同样的恐惧使他重新回忆起当时的鸡棚的情景,并且,在此期间,他的力比多不断增加。不幸的是,现在已经无法重建当时的真实情景,我们只能满足于这个极为可能的因果联系。

我本人对这个儿童的分析并没有显示出什么惊人的或者不正常的现象。他进入我的房间，摆在房间的所有玩具当中，最吸引他的正是一只小的青铜松鸡，他抱起那只小松鸡，然后问我："这个东西，你可不可以给我？"我给了他一些纸和一支铅笔，他拿起来立马就画了一只公鸡（非常敏捷地），然后我就让他给我讲讲他和公鸡的故事。但是他感到十分累了，就转向那些玩具了。直接的精神分析的询问就没有办法继续了。我只能局限于记录下来的孩子的某些特别的话和他的行为，这些都是由他的一位女邻居为我提供的，她是这个家庭的熟人，她对这个孩子的情况十分感兴趣，并且她会几个小时不间断地观察他。但是，我本人可以确定的是阿帕德的头脑十分灵活，甚至可以说他十分有天赋，他的思维活动和天赋都集中于饲养鹏里带羽毛的那些家禽。他极其巧妙地模仿公鸡喔喔叫，还有母鸡咕咕叫。清晨，他用一种强有力的公鸡打鸣声叫醒全家。他很有乐感，但是他只唱关于母鸡、小鸡还有其他鸡的歌，他尤其喜欢这首流行歌曲：

我要去德布列森，
我要去买一只火鸡。

还有：

过来，过来，过来，我的小鸡。

以及：

窗户下面有两只小鸡，
两只公鸡和一只母鸡。

他也会画画。前面已经说过了，但是他只画那些长着长长的喙的鸟类，并且他十分擅长画这些。我们由此也可以看出他试图**升华**（sublimieren）他对这些动物的强烈甚至病态的兴趣。他的父母发现，他们的禁令对孩子没有起到任何作用，最终也就只能顺从了他的癖好，并且同意给他买各种各样的鸟类玩具，而他用这些不会摔碎的玩具做自己想象的各种各样的游戏。

总体来说，阿帕德是个快乐的小男孩，但是当他挨了打或者被责骂的时候，他就变得十分蛮横无理。他几乎不太哭，也从不请求原谅。除了他的这个性格特征以外，还有一些不容置疑的迹象，说明他确实有神经症的特点，他非常胆小，他做很多梦（自然都是关于鸡的），而且他睡觉的时候躁动不安（夜惊［Pavor nocturnus］?）。

根据我的"驻地记者"的描述，阿帕德的言行举止都表现出，他可以从想象对鸡施行残暴的酷刑中获得一种奇怪的快乐。他最常玩的游戏就是割喉宰鸡，这一点前面已经说过，我还要补充一点，在他有关鸡的梦境中，他看到的通常都是死掉了的母鸡或公鸡。现在，我完整地重复一下他的几段十分典型的话。

有一天，他突然说道："我想要一只被**拔了毛**的活公鸡，它没有翅膀，没有羽毛，也没有尾巴，只有鸡冠，而且它还得能走路。"

他在厨房里玩弄一只刚刚被厨娘宰杀的鸡。突然，他到旁边的房间，从衣柜的抽屉里拿出一个烫发钳，叫喊着："**现在，我要把**这只死掉了的鸡的**眼睛弄瞎**。"大人们割喉宰鸡的时候对他来说就像过节一样。他可以狂热地围着鸡的尸体连续跳**几个小时**的舞。

有人拿着被割喉宰杀了的鸡问他："你想让这只鸡复活吗？"他回答："怎么可能！如果它活过来了，我就亲自当场把它杀掉。"

他经常玩一些土豆和胡萝卜（他把它们想象成鸡），他的游戏就是用刀子把这些东西切成碎块。他曾想尽一切办法把一个带有公鸡装饰的花瓶扔到地上。

然而，他对鸡的感情并不只有恨和残暴，他的情感是**矛盾**的。他经常抱着死去的鸡抚摸它们，或者，一边不停地像母鸡一样咕咕叫或者像小鸡一样叽叽喳喳叫，一边用玉米粒来喂养他的木制的鹅，他曾见过厨娘这么做。有一天，他十分恼怒地把一只摔不碎的母鸡玩具扔到了锅里，因为他没法把它扯烂，但是很快，他又跑去把它重新拿回来，然后清洗它，抚摸它。不过，他的动物书就没有这么幸运了：他把书撕个粉碎，当然，他就没有办法把它们粘回去，为此他也感到十分伤心。

如果这些症状都发生在一个成年的精神病患者身上，那么精神分析师会毫不犹豫地把他对鸡的这种极端的爱与恨都理解为他对某些人的无意识情感的转移，通常很有可能是一些近亲，但是这种情感被压抑了，并且只能通过这种迂回的、掩饰的方式发泄出来。

我们会把他**想要拔鸡毛和弄瞎鸡的眼睛**看作一种阉割意图（Kastrationsabsichten）的表现。我们把他所有的这些表现都理解为他病态的想法：担心自己被阉割的焦虑。他的矛盾态度会使精神分析师怀疑，患者的心里也有一些矛盾的情感。根据多年的精神分析治疗的经验，分析师会把这种双重情绪与患者的父亲相联系：他尊敬、爱护父亲，但因为父亲强加给他的性的禁令，他也恨父亲。简而言之，精神分析会这样解释：在他的所有症状表现中，**公鸡象征着父亲**①。

在小**阿帕德**的案例中，我们可以省去这些精神分析的工作。他的压抑结果还没有完全隐藏他怪异的行为举止的真正含义。被压抑的东西，也就是原本的情况，在他的言谈中还会显露出来，甚至是以一种令人震惊的坦率方式。

他的暴力有时候会在遇到大人的时候表现出来，尤其是对成年人的生殖器。

"我要朝你的粪便（原文如此！）来一拳，打你的屁股。"他喜欢对一个比他稍微大一点的男孩子这样说。

"我要把你**中间的东西**切掉。"有一次，他清楚地说道。

他经常忧虑眼睛瞎掉这件事。有一次，他问那个女邻居："人们可以用火或者用水把一个人的眼睛弄瞎吗？"

（另外，他也对鸡的性器官十分感兴趣。每一次大人宰杀鸡，都要向他解释这只鸡的性别：是公鸡、母鸡，还是阉鸡。）

有一天，他跑到一个小女孩身边，并且对她喊道："我要砍掉你的头，我会把它放到你的肚子上，然后把它整个吃掉。"

---

① 在大量的神经症患者的分析和释梦中，我们发现动物背后常常隐藏着父亲的形象。参见**弗洛伊德**《一个五岁孩子的恐怖症分析》(Freud, „Analyse der Phobie eines fünfjährigen Knaben", Ges. Schr., Bd. Ⅷ)、《梦中的童话素材》(„Märchenstoffe in Träumen", Ges. Schr., Bd. Ⅷ)。

【**弗洛伊德**教授在他的近期作品中重新引用了小阿帕德的案例（我发表在《国际精神分析杂志》的第1期上）。根据**弗洛伊德**的论证，我们可以认为对动物的崇拜和祭祀行为是人类矛盾情感（尊敬和害怕）的转移。人类最初的冲动是隔离那位我们憎恨的父亲，但之后又产生了想法、意愿，我们开始表达对父亲的爱。儿童在面对动物时的情感与原始人面对父亲时的情感、他们强迫症的症状表现，以及极大的兴趣，无论是积极的还是消极的兴趣，二者是完全一致的矛盾。】

弗洛伊德认为小阿帕德的案例证明了积极的图腾理论（见《图腾与禁忌》）。（同前，仿宋段落见于本文匈牙利文版，法译本译者注曰，这段注释做于《图腾与禁忌》问世之后。——编注）

有一次，他突然说道："我想吃**妈妈肉酱**（从鸡肉酱类比而得来的）。我们把妈妈放到锅里煮，然后妈妈肉酱就做出来了，我就可以吃掉了。"（他一边低声叫着一边跳舞）。"我把她的头砍下来，然后我就这样把它吃掉。"（他一边说，一边用刀叉比画着，好像正在吃东西）。

他在产生了这些食人肉的欲望之后，立马又感到十分懊悔，他甚至希望受到一种自虐式惩罚。他喊着："我想用火烧。"有时候又说："我希望有人把我的脚打断，然后把它用火烤。"

"我想把自己的头打开。我想切掉我的嘴巴，这样我就没有嘴巴了。"

可以毫无疑问地证明他把他的家人当作公鸡、母鸡和小鸡，有一天他突然说道："我的爸爸是公鸡！"然后还有一次，他说："现在，我还小，我是一只小鸡。等我长大了以后，我就变成了一只母鸡。等我再长大一些的时候，我就变成一只公鸡。等我变得更大的时候，我就变成了一个马车夫。"（驾车的马车夫似乎比他的爸爸更让他印象深刻。）

在没有任何强迫或者任何压力的情况下，他的这些话使我们更加明白，当他不厌其烦地观察家畜饲养棚里的鸡的时候，他内心的情感活动。关于他自己家庭里面的所有秘密他都无法得知，但他可以尽情地观察那些鸡，"这些乐于助人的动物"毫无遮拦地向他展示所有他渴望看到的东西，尤其是公鸡和母鸡之间没完没了的性交行为。（他父母家的居住条件一定使小阿帕德在自己的家里听到过这种类型的声音。）之后，他就不得不通过永不满足地观察动物的性行为来满足自己已经觉醒了的好奇心。

在最后一次的分析治疗中，我们也可以确认我们的假设，那就是，阿帕德对公鸡的病态的恐惧源于在他的手淫行为之后，人

公鸡小孩（1913）

们对他的阉割的威胁。

有一天早上，他问那个女邻居："您说，为什么人会死呢？"（回答："因为他们老了而且累了。"）"这么说来，我的祖母也老了吗？不！她没有老，但她还是死了。哎！如果真的有上帝，他为什么总是让我摔倒呢？（他想到了迈错步子，摔落，倒下来）而且，为什么他要让人们死掉呢？"之后，他开始对天使和灵魂感兴趣，大人们对他说这些都只不过是神话传说。他惊恐地呆住了，然后叫到："不！不是的。是真的有天使。我看到过一个天使，他把小孩子带到天上去。"后来他惊恐地问道："为什么小孩子也会死？"还有："人可以活多长时间？"这个时候，他难以平静下来。

就在同一天早上，当女仆把他的被子掀开的时候，她发现他正在摸自己的阴茎。她威胁他要把它割掉。那个女邻居竭尽全力地安慰他，告诉他人们不会真的害他，而且所有小孩子都做一样的事。但是，阿帕德愤怒地回答道："不是真的！不是所有的孩子！**我的爸爸就从没有做过这种事！**"

到现在为止，我们可以更好地理解他对公鸡的那种无法平息的恐惧，是因为它曾经要对他的阴茎做出和"大人们"威胁他要做的一样的事。但同时，他对这个有生殖器的动物有一种尊敬，因为它敢做所有他想做的事，另外，他也对它怀有十分的恐惧，我们知道他受了非常严厉的惩罚（由于他的手淫和他的施虐幻想）。

最后补充一点，最近一段时间，他对宗教思想十分感兴趣。他对那些大胡子的老犹太人心怀敬意又夹杂着畏惧。他请求他的妈妈让那些乞讨的人进到他们家里。但如果他们当中真的有个人来了，他又藏起来，远远地带着敬意观察他，当他离开了的时候，阿帕德就会垂下脑袋，说："又来了一个公鸡乞丐。"他说，他对老犹太人感兴趣，那是因为他们来自"上帝的家"（教堂）。

最后，阿帕德的一句话让我们可以肯定，他观察鸡类的行为绝不是没有意义的。有一天，他十分严肃地对那个女邻居说道："我将来会娶您，您，还有您的姐妹，和我的三个表姐妹，还有厨娘，不，不是厨娘，应该是妈妈。"

所以，他真的是想成为"村子里的大公鸡"。

童年期"阉割"的心理后果*
（1917）

我在《公鸡小孩》这篇文章中，描述了一个小男孩的案例，幼年时期他曾在阴茎部位受到轻微伤害，这对他后来整个心理驱力和心理发展都产生了决定性的影响。在这篇论文中，我也强调了先天性因素在阉割焦虑中的重要性，而生活经历仅是触发这一焦虑的因素之一。

大约三年前，我接手了一个可以视为与"公鸡小孩"相反的个案。当他还是个只有三岁的孩子时，他真正经历了一次阉割。当然，这里所说的"阉割"并不是指医学意义上的阉割，而是指对阴茎的一种手术。患者清晰地记得事情的始末。他排尿困难（可能是由于包茎），这促使他的父亲——一个粗暴、专横的地主，带他去咨询了村里的犹太人肉店老板，他父亲是个基督徒，但没有选择去看街区的医生。肉店老板建议进行割礼，从医学角度看，在这种情况下，这也是完全合理的治疗方法。他父亲便立刻同意了；老板拿来一把锋利的长刀，割掉了男孩的包皮，男孩剧烈挣扎，大人只能以武力制伏他。

---

* 德文原题为"Die psychischen Folgen einer 'Kastration' im Kindesalter"，最早发表于《国际精神分析杂志》1916—1917年第4卷第5期。——编注

这是 L 先生，一位克罗地亚农业公务员的情况。他找我做心理咨询，因为他患有阳痿。据他叙述，他一直单身，从未与女性建立过真正的关系，只是与一些低级妓女有过接触；然而，即使是与她们在一起，他也对自己的性能力没有信心，缺乏勇气。缺乏信心不仅影响了他的性生活，也影响了他生活的其他方面。这也解释了为什么这位智力高于平均水平的人，在社交和物质层面都没有获得多大的成功。

由于他的工作不允许他请太长时间的假，因此他只能在几周（1 至 3 周）的短时间内前来咨询，并且咨询间隔的时间也很长，这极大地限制了治疗的效果，也减小了对这一个案进行深入精神分析的可能性。但是，随着时间的推移，这个分析使得许多典型特征逐渐浮现出来，以至我认为有必要公开这个个案。

在第一次来访中（我们可以把每一次分析称为一次会谈），让患者开口说话非常困难。他极度阻抗，几乎无法克服，因为他犯了真正的过错需要自责。他在玩纸牌时有强烈的作弊意图，他不仅等待时机，甚至还会提前做好准备，操纵游戏。然而，他冒着很大的风险，成功作弊，却没有感到满足；他把通过这种方式赚来的钱挥霍一空，酗酒之后又深深自责。他的不正当行为在玩牌时从未被发现，但他通过其他方式成功地给自己招致了坏名声：他经常酗酒，然后在喝醉后变得粗暴，并与某些社会底层人士（一些音乐人、服务员等）交往，他清醒之后，又感到非常羞愧。当他回顾童年做的错事时，一些微不足道的盗窃行为也浮出水面；其中最大胆的是他在父亲睡觉时偷走了其口袋里的钱包。他的父亲是一个十分粗暴的人，经常用鞭子教育儿子，酗酒并死于一次酒精中毒。正是讲到这里，他开始叙述上文中提到的外科手术的经历，以及那场手术是如何以极为残酷的方式执行的。

在患者讲述了这个故事、宣泄了内心的情感之后，他情感生活中的另一方面开始显露；这时，一个敏感、渴望爱与被爱、擅长诗歌与科学的男人形象浮现出来。然而，无论是坦白他的过错还是朗诵他的诗歌，他总是表现出极端的阻抗：他的声音变得嘶哑，开始咒骂，令人害怕，几乎像歇斯底里症患者一样僵硬；他的肌肉紧绷到极限，脸涨得通红，青筋暴出；然后，一旦关键沟通完成，他就突然平静下来，可以擦去额头上因焦虑而沁出的汗珠。

后来他告诉我，在这种情况下他会感到自己的阴茎强烈收缩，并且有一种强迫性冲动，想去抓住与谈者的生殖器。

在会谈结束前，我向他解释，他一生都活在因自己遭受的阉割创伤而沮丧的想法之中；这导致他变得懦弱，并形成一种宁愿通过欺骗或作弊来获取某些优势也在所不惜的强迫症。他从父亲的裤子口袋里偷走钱包，其实只是对自己遭受的掠夺的一种象征性补偿。当他需要承担责任时，阴茎收缩引发了他的自我贬低；而抓住对方生殖器的强迫性冲动则是他试图通过幻想拥有一个完整而有力的器官，来摆脱这种令人痛苦的心理表象（Vorstellung）。

在随后的一次会话中，他承认除了之前提到的痛苦外，他还有一些神话般的幻想，通常会在他独处时浮现。他感觉自己像一只鹰，睁着眼睛飞向太阳。他毫无恐惧，振翅高飞，冲向太阳，用他锋利的喙，撕下太阳边缘的一块，太阳的光芒突然变得黯淡，就像日食一样。这个象征性的太阳幻想，揭示了患者对父亲（太阳）无尽的复仇欲望，他想通过伤害父亲来施加惩罚，因为父亲的过失导致了他生殖能力的不足。把自己比作鹰，代表了一种欲望，隐藏了自己的勃起问题。这种太阳与父亲之间的关联，得到了患者本人的证实，他抱怨对他的性能力影响最严重的经历是一次阳光疗法。之所以在太阳和父亲之间产生了关联，是因为父亲有一双明亮而充满威胁的眼睛，在患者的童年时期，父亲总是迫使他低下头，他只能在幻想中拥有勇敢的态度。①

他表达痛苦心理时的奇怪行为，或者那些他认为可能令医生不悦的表现，很快找到了解释。喉咙哽住的声音、咒骂、蜷缩身体等等，不过是一种无意识地重温阉割和整个粗暴手术过程的方式。在不太危险的交流中，只有阴茎收缩的感觉仍然存在，影射阉割。早期的心理创伤在他的身体受伤部位与情感生活之间建立了牢固的心理和神经联系（类似于我在一些战争神经症患者身上观察到的情况），因此他的情感可以通过一系列完整的阴茎收缩和阉割的感觉来描述。以后的任何情感都会立刻刺激他心理上仍然疼痛的伤口和他身体上对应的部位。

当他感到焦虑时，想抓住他人的生殖器这一强迫冲动可以有多种解释。首先，这与他先前提到的渴望拥有一个更大的阴茎有关；但其次，患者也把这方式当作一种防止阉割再次发生的保护措施；他把假想敌的阴茎视为一种抵押品。（我以同样的方式解释了他的手淫行为，这种行为持续了异常长的时间。）他不敢放弃自己的阴茎并将其交给一个陌生而有潜在危险的女性。阉割情结具有一种普遍的意义，我们可以提出一种假设，阉割情节会驱使许多人手淫。

最后，在这种冲动背后，我发现了被动的同性恋幻想；由于

---

① 通常情况下，可以认为父亲的眼睛与太阳符号之间形成了比较点。我们只需回想一下，"上帝之眼"周围总是有光芒。我认识一位专业的催眠师，他认为自己的暗示能力是靠他洞穿一切的眼睛。在童年时期，他反抗过他那非常严厉的父亲，并长时间地练习直视最强烈的太阳。

被阉割，患者将自己视为女性，并至少渴望享受到女性的性愉悦。

很可能是在自恋阶段和生殖阶段之间发生的性发育障碍，导致了他非凡的自恋和早期肛门性爱的原始倾向。关于这一点，他的想法非常独特。我在此处仅限于提到他更喜欢在离家不远的小溪里大便，并且愿意长时间跟踪粪便的最终命运，这些粪便是他的自我不情愿分离的部分。他对吝啬之人身上的肛门性爱的缘由有着特别的洞察力；例如，有一天，他的妹妹为了向他表示敬意，准备了一顿他认为很差劲的饭菜，于是他产生了一个想法，即"妹妹把狂欢节的油炸甜面包放进了她的肛门里"。

他认为自己被剥夺了最宝贵的东西，因此对任何形式的开支都感到厌恶；他总是认为自己被欺骗，感到自己受到"侵害"，因此他有欺骗他人的倾向。他对裁缝和理发师有着强烈的特异反应（Idiosynkrasie）。

我们无法确定他神经症爆发的确切时间。患者在年轻时曾多年害怕患上癫痫症。这里可以假定他对父亲的认同，因为他的父亲患有酒精性癫痫（alkohol-epileptishcen），但是这一症状的多重意义显然尚未得到足够的分析。

在**弗洛伊德**的"病因学系列"（ätiologischen Reihe）中，这一个案可能是一种极端情况；即使是没有任何先天致病因素的孩子，在经历了这样的创伤后，也可能会患上神经症。

作为一家军事医院神经病学部门的主治医生，我曾经询问过那些在童年行过割礼的波斯尼亚穆斯林。我了解到，对于大多数儿童来说，这种手术在他们出生后第二年进行，没有引发任何神经症的症状，特别是没有阳痿。犹太人的宗教割礼是在婴儿出生后的第八天进行的；同样，我们也没有发现任何与这位患者症状相似的病例。因此，可能只有在自恋阶段的关键时期做这种手术，才会导致迟发的病理后果。

在本个案及其他相似个案中，和弗洛伊德一样，我们也必须承认"男性的抗议"（männlichen Protestes）在症状形成中起着主导作用。这位患者最强烈、最深切的愿望实际上是能够成为一个男人；但并不是为了"优越感"，而是为了像他的父亲一样，能够爱一个女人并组建一个家庭。此外，我们也不应该感到惊讶，他不仅产生了力比多幻想，而且产生了自私幻想，这是割礼伤害了他的自尊心所造成的。

家庭对孩子的适应[*]
（1927）

我这篇演讲的题目有些不同寻常，因为通常来说，我们都致力于孩子对家庭的适应（Anpassung），而不是**家庭对孩子的适应**。但正是我们的精神分析研究表明，朝着适应去迈出第一步的应该是我们，并且，当我们真正了解儿童的时候，我们一定会毫不怀疑地去这样做。人们经常批评精神分析，因为它过于关注原始人心理的和病理学的情况，这是真的，但正是对这些不正常的现象的研究，才使得我们可以获得更多的知识，并且把它应用于正常人身上，这是大有裨益的。同样的道理，如果没有人们对一些功能性障碍的研究，也不可能在大脑的生理学领域上取得如此重大的进步。通过对神经症患者和心理疾病患者的研究，精神分析表明，在那些看似正常的表面下，隐藏着不同的区域、不同的层面或者不同的功能运转模式。在观察原始人和儿童的时候，我们发现一些典型特征在进化程度更大的文明的人类身上似乎已经

---

[*] 德文原题为 „Die Anpassung der Familie an das Kind"，为费伦齐在1927年6月13日召开于伦敦的英国心理学会（British Psychological Society）医学和教育学交叉研讨会上的演讲，最早刊载于《精神分析教育杂志》1928年第2卷第8—9期；后收入1938年出版的《精神分析学基础》第三部。——编注

看不到了。事实上，我们要感谢儿童，是他们使我们可以阐明心理学，而我们去补偿儿童的最好的方式（既是为了他们的利益，也是为了我们自己的利益），就是通过我们的精神分析研究成果反过来更加努力地去了解他们。

我不得不承认我们目前还没有能力准确地给出精神分析学的教育价值，也无法直接为教育提供一些切实可行的指导意见。因为精神分析只会在十分谨慎的情况下才提出建议，而且它关注的现象教育学完全不关注，或者关注的方式有误。我们**不能**告诉你们应该怎样抚养孩子，倒是可以告诉你们不应该怎样抚养孩子。这是一个非常复杂的问题，我们希望有朝一日，可以找到满意的答案。这也就是为什么我的演讲内容会停留在一个比较笼统的层面上，虽然这并不是我的本意。

只有当父母**更好地了解自己**，并且对成年人的心理世界有了一定的认识的时候，家庭对孩子的适应才可能真正开始。直到现在为止，人们好像都认为，父母天生地就知道怎么抚养孩子，但是有一个德国谚语的说法正相反："变成父亲比做好一个父亲要容易。"所以，父母犯的第一个错误就是忘了自己的童年。我们发现，即便是最正常不过的人，对五岁以前的记忆也基本上没有了，而在一些病患的身上，这种对童年的失忆会延长更多年。但实际上，儿童在那几年中实际上已经确确实实地习得了成年人大部分的思维能力。他们却忘记了那段时光。对自己童年记忆的缺失是父母无法理解教育这一根本问题的最大障碍。

在我回到我的主题——教育之前，请允许我对**适应**及其在精神生活中扮演的角色做一些解释。正如我们大家所知道的那样，"适应"这个词，是一个生物学术语，所以我们要从生物学范畴的几个先决问题开始进行我们的研究。这个概念包含三层不同的含义：达尔文（Darwin）意义上的、拉马克（Lamarck）意义上的，以及第三种，我们可以将之归纳为心理学意义上的。第一层含义涉及自然选择，可以理解为适应的统计上的解释，而且从这个角度来说，它主要研究物种延续这一总体性问题。例如，长颈鹿有一个很长的脖子，它偶然地来到这个世界上，比起那些短脖子的动物它获取食物更加容易，也因此有了生存下去和繁衍物种的更大的可能性。这种现象在所有生物中应该都广泛存在。从拉马克的角度，个体是因为使用某个决定性功能而变得强健，而他所增长的这种能力也会传授给他的下一代。这可以称作适应的"生理学解释"。但是，个体对环境的适应还存在第三种方式，我们可以称之为心理方面的适应。心理上和神经方面能量分配的改变很有可能造成一个器官的形成或者退化。我重申这一点是因为，在美国，人们热衷于否认心理学是一门科学。每一个带着"心理"（psych-）前缀的学科都带着非科学性的烙印，据说它自身就带有一种神秘元素。**华生（Ｗａｔｓｏｎ）**医生有一天让我给他具体解释一下什么是精神分析。我必须承认，如果认为科学只是一门关于重量和长度的学科，那么精神分析学没有行为主义有科学性。生理学上要求每一个变化都必须能够用一种仪器测量出来。但是精神分析学是不可能以这种方式去测量情绪波动（Gemütsbewegungen）的。事实上，已经有人在这个方面做了一些小尝试，但是直到目前为止，还没有得到满意的结果。然而，当这种方法行不通时，也不能禁止人们想别的方法。**弗洛伊德**就想出了一个办法。他发现，通过把内省（Introspektion）的结果用一种科学的方法进行重组，我们就可以获得一种新的理解，这种理解方法与观察和实验中对外在感知的确切结果进行探索的方法是同样可靠的。当然，我们无法衡量这些内省的事实，但是即便如此，它们还是事实，我们有权研究它们，找寻路径，以便有新发现。弗洛伊德以一种新的视角来思考内省所得材料，由此他提出了一套心理体系。这一套体系当然包含一些假说，但是自然科学也是如此。"无意识"的概念在所有这些假说中都扮演了十分重要的角色，正是基于这些假说，我们得到了数个生理学或者大脑解剖学也无法得到的结论。如果有一天，化学和微生物学的进步已经使弗洛伊德的假说变得多余了，那么我们也会放弃证明精神分析学的科学性，但是在那天到来之前，我们绝不放弃！那个华生医生认为，不需要心理学他也理解儿童，他认为条件反射的运动机制已经完全可以解释个体的行为。我不得不这样回答他：生理学的模式最多只能够了解老鼠和兔子的行为，而不是人类的行为。另外，甚至对动物来说，他也在使用心理学的概念而不自知，他根本就是一个精神分析师，而他自己还不清楚这一点！例如，他会说老鼠产生了害怕的反应，他使用心理学上"害怕"的概念。他用词十分准确，但只有通过内省，他才能知道什么是害怕，不然，他永远无法真正理解老鼠逃跑意味着什么。不过，我们得回到**适应**这一问题上。前面的所有阐述都是为了给适应这一问题奠定一个坚实的心理学基础。我们要感谢精神分析学，它把自然科学所忽略的一系列新的问题重新梳理清楚——**它使我们明白，内在因素起了主动作用，而且只有通过内省的方式，我们才能发现它们。**

现在，我要尝试解决那些关于父母适应孩子的**实际**问题。无忧无虑的大自然并不怎么关心人类，但是人类与大自然不一样，人类竭尽全力养活自己的子孙后代，并尽可能让他们免遭不必要的磨难。所以，让我们尤其去关注发展的各个阶段，在这些阶段中孩子将会遭遇困难，而且困难重重。**弗洛伊德**告诉我们，焦虑的症状与生理上的那些特殊变化有关，这些变化产生于从母亲的肚子里来到外部世界的这个过程。他的一个学生①最近以这个理念为出发点，创造了一个新理论，在这个理论中，他偏离了精神分析学的一些观点，他试图从这第一个最大的创伤来解释所有的神经症和心理疾病，他把这个创伤称作出生创伤（Trauma der Geburt）。我本人也对这个问题做了深入研究，但我愈是深入观察愈是发现，在人的一生中，没有别的变化或者演变像出生这件事一样，得到了充分的准备。生理和父母的本能，都使得这个转变发生得尽可能温和。假如婴儿的肺和心脏还没有提前长好，那真的将是一个巨大的创伤，而出生就是某种**胜利**，通常会对他的一生中都具有示范效应。我们仔细地来考虑一下这件事：威胁人死亡的窒息立即就会结束，因为肺已经准备好，随时可以开始运转，一旦脐带被剪断了，原本还没有开始工作的婴儿的左心室立即开始充满活力地跳动。除了婴儿生理机制上准备充分了以外，还有父母的本能，这些使得婴儿出生的情境变得非常舒适。人们把孩子包裹起来，让他继续享受温暖，尽可能不让他受到视觉和听觉上的刺激，大人们尽可能让婴儿忘记刚才发生的一切，就好像什么都没发生一样。因而，我怀疑这样的一场变化，被消除得如此之快、程度如此之大，基本上不会给婴儿带来多大的"出生创伤"。倒是其他一切真实的创伤会带来难以消除的后果。这些创伤不是生理层面的，而是发生于儿童进入人类社会中时，关于这一点，父母的本能常常缺失了。我想说的是，给孩子断奶的创伤、讲卫生的创伤、消除坏习惯的创伤，以及最终那最重要的创伤：儿童向成年生活过渡的创伤。这些是童年时期最严重的创

---

① 此处指奥托·兰克（Otto Rank）。——译注

伤，然而无论是具体到我们的父母，还是广泛意义上的人类文明，都没有意识到这一点。

断奶曾经一直是而且到现在仍然是医学领域十分关注的一件事。婴儿从原始的获取食物的方式转变为主动的咀嚼。这不仅意味着一个重要的生理变化，而且意味着一个重要的心理变化。一种愚蠢的断奶方式，可能会对儿童与客体对象的关系和他获取快乐的方式产生消极的影响，而这种消极影响甚至可能让他的一大半人生变得黯淡无光。坦白说，我们对儿童的心理世界还不够了解，但我们还是可以一点一点地发现，断奶对儿童产生了深刻的影响。在婴儿胚胎发展的最初阶段，一个针轻轻地刺一下，一个小小的伤口，都可能导致他身体的一部分无法正常发育。再如，在一个仅仅点着一根蜡烛的房间里，用一只手靠近光源，就可以让房间的一半都暗下来。在儿童的身上也是同样的道理，如果在他生命的最初阶段，你们给他造成一个伤害，即便是微小的伤害，也可能给他后来的一生带来阴影。意识到孩子是多么敏感，这一点十分重要，但父母还是不相信，他们完全想象不出来，他们的孩子是那么敏感，他们在孩子面前所具有的行为举止，就好像孩子目睹了刺激性的场景却什么都感受不到一样。如果孩子在一两岁的年纪看到了父母的性行为，他受到了刺激，却不能找到一个理智的宣泄口，这就可能引起幼儿的神经症，并最终削弱他们以后的情感生活。儿童的恐惧或者焦虑的歇斯底里症的表现，在他生命发展的最初几年十分常见。通常情况下，这些症状会随着他们的成长而消失，并不会干扰他们以后的人生，但实际上，它们常常会在儿童的心理世界留下一些深深的痕迹，并影响他们的性格。

学习**讲卫生**也是儿童的成长阶段最困难的事情之一。这件事会变得具有危险性,但并不会一直持续。事实上,有些孩子的心理机制十分强大,以至他们可以承受父母的很多疯狂举动,但这毕竟是些特例,而且我们常常发现,即便孩子们最终超越了这种荒诞的教育,他们实际上也无法真正享受生活原本能够给他们带来的全部的幸福。这就值得父母和教育工作者密切关注孩子的反应,以判断他们所遇到的困难。通过观察孩子在学习成年人卫生规范的过程中的情感变化,弗洛伊德有了一个重大发现,那就是,儿童的性格,很大程度上,是在这一时期形成的。换言之,个体在他生命最初的五年中,如何使自己原始的需求适应于现代文明的要求,将决定他在后来的一生中将采取何种方式来面对困难。对于精神分析学来说,"性格"就是一种类似于强迫症症状的应激反应机制。我们期望一个人可以完全适应某种既定的情况,但是我们想想,每个人的性格有多么不同,他们的反应就有多么不同。如果你们了解某个人的"性格",那么只要你们愿意,你们就可以让这个人做出某种特定的行为,因为他就会像机器一样运转。只要在他面前说上某个词,他就一定会点头,他会机械地回答你,用一个十分准确的词,因为"他就是这种性格"。当我还在大学读书的时候,在医学领域,人们过于重视遗传因素。医生们认为我们不过是遗传下来的产物。沙尔科①,一位十分有名的巴黎的医学教授,做了许多关于这一主题的演讲。为了让大家理解得更透彻,我给你们讲一件他的趣事。有一天,有一个母

---

① 让-马丹·沙尔科(Jean-Martin Charcot,1825—1893),19世纪法国神经学家、解剖病理学教授。他的工作大大推动了神经学和心理学领域的发展。沙尔科被视为现代神经病学的奠基人,他的名字与至少15个医学名称相关,包括被称为沙尔科病的各种症状。沙尔科被视为"法国神经病学之父"和世界神经病学的先驱之一。——译注

亲在他的"星期二的课"（Leçon du Mardi）上找到他，想跟他谈一下她患有神经症的孩子。按照惯例，医生问了关于孩子爷爷的一些问题和他的病症，接着是奶奶的，然后是外公的、外婆的，还有所有近亲的。这位母亲想要打断医生，跟他讲一下发生在孩子自己身上的一个星期或者一年前的事，沙尔科生气了，他根本不想听，他全身心地寻找遗传特质。作为精神分析师，我们丝毫不否认这些事情的重要性，恰恰相反，我们把这些因素当作造成神经症和心理疾病的重要原因，当然不是唯一原因。儿童有可能在出生的时候有一些先天倾向，但是毫无疑问，在出生以后或者在教育的过程中，有一些经历可以改变这种先天倾向的影响。应该既考虑到遗传因素，又考虑到个体原因。例如，讲卫生这件事就绝不是先天性的，它不是遗传而来的，而是后天习得的。我不是想说孩子对学习讲卫生这件事完全不敏感，但如果没有教育，他们恐怕永远学不会保持干净。

小孩子天生的倾向就是爱自己，以及他认为属于自己一部分的一切东西，他排泄的粪便当然也是他的一部分，是主体和客体的中介（Zwischending）。儿童仍然对自己的排泄物怀有某种兴趣，但是坦白说，有些成年人同样表现出这一行为的一些痕迹。有时候，我研究一些所谓的正常人，就这一点而言，正常人与神经症患者之间没有根本上的差别，除了后者在"无意识"层面上对脏东西更感兴趣以外。而且，正如同弗洛伊德所指出的，歇斯底里症是对败坏反常的否认，正常人的讲卫生也是建立在他们对排泄物的兴趣之上。我们也大可不必为此而感到苦恼，因为，正是这些原始的渴望为我们提供了巨大的能量来创造人类的文明。相反，如果我们忽略了这一点，面对仍然处于困境中的孩子，我们暴怒，我们就是在把他的能量往一条错误的道路上推，就因此而导致了压抑。每个人因为自己的机体构成不同而有不同反应，有人可能成为神经症患者，有人可能成为心理疾病患者，最后还有人可能成为罪犯。如果在面对这个问题的时候，我们知道该如何处理，如何小心谨慎地面对孩子，并且在一定程度上给予他们释放冲动（Impulsen）的自由，并且懂得引导孩子升华自己的冲动，这样的道路对孩子来说就温和得多了，他们也因此可以学会把自己的原始需求（primitiven Bedürfnisse）调整得更加符合社会利益。但是，教育工作者常常试图过度地扼杀儿童的原始需求（即便它们同时也是一些非常重要的能量的来源），就好像这些需求本身就是可恶的。

在家庭适应孩子的过程中，真正的创伤发生在他们最初的童年时期向文明过渡的阶段。讲卫生不是唯一的事件，还有**性欲**。我们经常听人说**弗洛伊德**把所有的问题都用性欲来解释，这不是完全正确的。他的学说探讨的是自私倾向与性倾向的**冲突**，他甚至认为前者比后者更为强烈。事实上，精神分析师的大部分精力都用于研究造成相关个体的压抑问题的种种因素。

性欲不是从青春期开始的，而是从儿童的"**坏习惯**"开始的。人们把表现为最初的性本能（Sexualinstinktes）的**自体色欲**，错误地理解为"坏习惯"。不要惧怕这个词！通常，"**手淫**"这个词会引起人们的极大反感。当父母带着孩子因为自体色欲的问题去看医生，医生应该劝诫父母，不要把这件事看得过于严重。然而，因为父母过分担忧，所以应该小心谨慎地与他们谈论这个话题。奇怪的是，父母所无法理解的事，对孩子来说，恰恰是十分正常的事，孩子无法理解的事，对父母来说就好像青天白日一样毋庸置疑。这个谜团我们待会儿再试图解决，正是这个迷惑在父母和孩子的关系中占据了主导地位。

这个矛盾搁置不谈，我先谈论一个重要的问题，那就是应该如何对待患有神经症的儿童。只有一条路可走，就是发现他**隐藏在无意识层面的仍然活跃的机体**。已经有人在这个方面做出了一些尝试。**梅兰妮·克莱因**①，曾师从我和**亚伯拉罕**②博士，她大胆地开展了儿童精神分析，就如同成年人的精神分析，并且获得了十分显著的成就。弗洛伊德的女儿安娜·**弗洛伊德**③小姐也进行了一种建立在不同——更为保守——原则上的研究。这两种研究方法差别显著，我们等着看精神分析学和教育学联系起来的这一难题能否解决。无论如何，这些开端都是大有希望的。

在**美国**期间，我有幸了解、学习了一个学校所使用的方法，这所学校的领导者是一些接受过精神分析学培训的教师，他们当中大部分人接受过精神分析，这就是瓦尔登学校（Walden-School）。教师们试图把孩子们划分成小组来管理，因为限于时间，他们无法对每个孩子进行单独的分析，即便这种做法应该会更好。他们教育孩子所尝试采取的方式，目的是使一个严格合乎规定的精神分析变得不再必要。面对一个患有神经症的孩子，他们会特别对待，并对这个孩子进行单独的精神分析，全力关注他。我对他们如何进行性教育的这个话题格外感兴趣。学校在与父母的家长会中，跟他们强调，一定要用简单自然的方式来回答孩子关于性欲的问题。他们使用一种"植物办法"（botanische

---

① 梅兰妮·克莱因（Melanie Klein，1882—1960），奥地利裔英国心理学家、精神分析学家，生于维也纳，主要贡献为对儿童精神分析和客体关系理论的发展。——译注
② 卡尔·亚伯拉罕（Karl Abraham，1877—1925），德国精神病学家、精神分析学先驱之一，柏林精神分析学会创立者。——译注
③ 安娜·弗洛伊德（Anna Freud，1895—1982），奥地利裔英国心理学家、儿童精神分析学先驱。——译注

Methode），也就是说与植物类比，以此来解释人类的繁衍。

我反对这种方法，它太**教育化**了而不够**心理化**。这也许是一个好的开始，但是它对孩子内心的需要和感受没有足够的重视。当孩子问起他出生的问题时，他甚至不满足于一个准确的生理学上的解释，他经常彻底质疑父母的解释。他会说："你这样说，但我还是不相信。"即便他不是明确地这样陈述。**实际上，孩子需要父母承认，生殖器官可以带来性（肉体上的）快乐**。实际上，孩子并不是学者，希望知道孩子们是从哪里来的，当然，他对这个问题感兴趣，就像他对天文学感兴趣一样。但他更迫切地想从父母和教育工作者那里知道性器官有性欲旺盛的功能（libidonöse Funktion）。只要父母不承认这一点，他们的解释就不能让孩子满足。孩子会问自己：性生活的频率如何？他会将回答与家里孩子的数量相匹配。然后，他自己会认为："生孩子可能是十分痛苦的，因为性行为要这么长时间。"他模糊地揣测性行为会更为经常地发生，并且能给父母带来快乐。我们可以感应到，孩子的一些性器官可以使他们产生性欲旺盛的感受，而某些行为可以平息这种感受，而且他也足够聪明，可以理解并感觉到性器官有性欲旺盛的功能。他感到自责（在他的年龄产生了性欲旺盛的感受），并且会想："我是多么肮脏下流的动物，在我的性器官上感到性欲，而我所尊敬的父母，只是通过性行为来生孩子。"只要生殖器的色欲或者快乐功能（Lustfunktion）不被承认，在您和您的孩子之间就会隔着一道鸿沟，而您在您孩子的心目中就永远是一个无法企及的理想形象。这就是关于那个矛盾我想说的。父母不能接受孩子在他们的性器官上有类似的感觉。而孩子也因为自己的那些感受而感到自己堕落了，并且认为父母在这一方面是纯洁无瑕的。还有一个常见的现象就是在丈夫和妻子之间也隔着一个深渊，因为女孩子表面都一直都停留在儿童的阶段，所以夫妻之间变得很疏离也没什么值得奇怪的。由于这个认知盲区限制了孩子对性生活的理解（错误在于我们对自己童年的失忆），我们期望得到孩子对我们的盲目的信任，还有对他们自己心理和生理的欲望的鄙视。孩子们长大以后遇到的第一个问题就是，当他们意识到对父母所有美好的理想化都完全不符合现实时，他们就会失望，因而不再相信任何权威。不需要让孩子们不再信任权威，不再信任父母和其他人所说的事实的真相。但是，当然，人们不应该强迫孩子们相信一切。换种说法，对孩子来说，失望和发现被骗都是痛苦的。从这个角度来讲瓦尔登学校做得很好，但这只是个开始。他们的方法，是通过父母对孩子的了解来作用于孩子的心理世界，有时这是很好的，而且在治疗某些神经症障碍的最初阶段甚至是很有疗效的。我们记得**弗洛伊德**教授进行的第一个儿童分析也采用了类似方法（小汉斯①）。他向孩子的父亲进行系统的提问，把解释也通过父亲传达给孩子。

到了开始**独立于他的家庭**的年龄时，孩子遇到的适应方面的困难与性的发展紧密相关。这也就是在我们所说的俄狄浦斯冲突的年龄。如果您能回忆起孩子那时候的表达方式，您就会发现没什么大不了的。孩子有时候自发地对父亲说："等你死了以后，我会娶妈妈。"没有人会把这种话当真，因为他还处于**前俄狄浦斯冲突阶段**，他在这个时期还有权利做任何事、说任何话，而不受大人的惩罚，尤其是父母没有看到他这些话的性基础。但是，等孩子长大到一定年龄，人们会把这种话当真，并且惩罚他。在

---

① 弗洛伊德，《一个五岁孩子的恐怖症分析》（F r e u d ,,Analyse der Phobie eines fünfjährigen Knaben", Ges. Schr., Bd. Ⅷ）。

家庭对孩子的适应（1927）

这种情况下，每个孩子的反应就不尽相同。为了让大家能更清楚地理解，我根据弗洛伊德的理论，给出一个简单的人格结构图（见下图）。

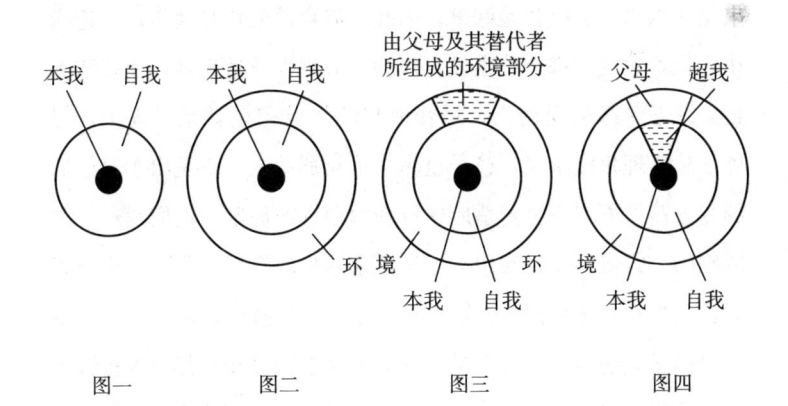

图一：本我　自我　环境
图二：本我　自我　环境
图三：由父母及其替代者所组成的环境部分　本我　自我　环境
图四：父母　超我　本我　自我　环境

"本我"（[Es]冲动）构成了人格中最核心的内容，自我是外围层，具有适应性，是从各个方面努力适应环境的一个部分。如果说人是环境的一部分，却区别于其他所有物体，那么，这既是从他的重要性的角度来讲，更是从一个基本特征来说：除了人，所有物体都具有同等的、稳定的特性，人们可以信任它们。在环境中，我们唯一不能信任的，就是其他人，首先是我们的父母。当我们把某个物体放在某一位置时，我们还会在同一位置找到它。动物自身不会发生根本改变：它们不说谎；如果我们了解它们，就可以信任它们。人类是唯一会撒谎的生物。这就是为什么孩子适应外部环境这么难。即便是我们无比尊敬的父母，他们说的话也不总是真的，他们蓄意撒谎，而且按照他们的说法，他们完全是为了孩子好。但是，孩子一旦经历过这种事，就不会再轻易信任。这是一重困难。另一重困难在于孩子们对自己周围的人有一种依赖。观念和外界环境的理想也要求孩子们自己欺骗自己。父母在此给孩子设定了某种圈套。孩子们最初的观点肯定是自己的观点：糖果是好东西，捉弄人是不好的。但是孩子们遇到了一系列的不同观点，那些深深地扎根于父母脑海中的想法：糖果是坏东西，受教育是好事。因此，他自己的切身经历，不论愉快还是不愉快，都与负责教育他的人的观点背道而驰，而那些人正是孩子深深敬爱的人，尽管他们的观点完全就是错误的，另外，从生理角度来说，孩子也完全依靠那些人。正是出于对他们的爱，孩子不得不努力适应这种新的艰难的标准。他们通过一种特别的方式做到了，我用一个个案来跟你们解释。我的一个患者对自己的童年记忆清晰。他不是一个乖巧的孩子，甚至是一个令人难以忍受的孩子。每个星期他都受到惩罚教育，甚至未犯错也预先受到惩罚。人们打他的时候，他就意识清醒地想："等我变成爸爸，我也要这样教育我的孩子，那该多好。"在那个时候，他已经开始在想象中实现他未来父亲的角色。这样的身份认同意味着他的人格部分改变。自我因周围的环境而得以充实，这是一种习得（Erwerbung），而非遗传。也正是这样，我们开始有了意识。一开始，我们害怕受到惩罚，慢慢地，我们与施加惩罚的权威相认同。这样，真实的父母对孩子的重要性就减弱了，孩子自己在内心树立了内在的父母形象，也就形成了弗洛伊德所说的"超我"（Über-Ich）。

超我也就是自我与外部环境之间相互作用的产物。过分严厉的教育可能会强加给孩子一个过分严厉的超我，给他的一生造成伤害。我真的相信有一天十分有必要写一本书，不仅是关于理想主义对孩子的重要性和用途，而且是关于极端过分的理想主义苛求给孩子带来的伤害。在美国，当孩子们听说华盛顿一生都没有撒过谎，他们感到很失望。我也有过同样的失望，当我在学校的时候，学到伊巴密浓达①从来没有说过谎话，即便在开玩笑的时候。"即便开玩笑也不能撒谎。"*

到这里，我基本上已经讲完了。在美国看到的男女生混合制，让我想起以前和我的朋友**琼斯**②博士及其他几位精神分析师，一起听了**弗洛伊德**的讲座。我们遇到了**斯坦利·霍尔**③教授，一位伟大的美国心理学家，他对我们开玩笑说："看看这些男孩女孩，他们在一起玩耍几个星期，但是很遗憾，从来没有任何危险。"这是认真的，而不是仅仅是一个玩笑。年轻人建立在"良好的行为举止"基础上的压抑机制是不可缺少的，但如果过了头，就很有可能在以后导致严重困难。如果人们认为学校里男女混合制是有必要的，那就应该想出一个更好的办法来集合男生和女生，因为现行的方法只是把男女生关在一起，使得学生们不得不忍受更多的压抑，而这可能增加以后的神经症风险。最后关于学校的体罚，我再说一句话。不言而喻，如果某些惩罚是必不可少的，那么精神分析致力于消除那些带有报复性的惩罚。

我演讲的目的并不在于建立精神分析学和教育学之间的确切

---

① 伊巴密浓达（Epaminondas，约前418—前362），古希腊城邦底比斯的将军与政治家。——译注
* 原文为拉丁文："Ne joco quidem mentiretur."——编注
② 阿尔弗雷德·欧内斯特·琼斯（Alfred Ernest Jones，1879—1958），英国精神病学家、精神分析学家，他在1908年结识弗洛伊德，二人成为很好的朋友，最后也是他为弗洛伊德写下了传记。他是英语世界第一位精神分析学家，也是他将这门学问推广到了英语世界。20世纪20—30年代，他曾是国际精神分析协会和英国精神分析学会（British Psycho-Analytical Society）主席，对这些组织的形成有不可忽视的影响。——译注
③ 斯坦利·霍尔（Stanley Hall，1844—1924），美国心理学的先驱，致力于儿童发展理论。霍尔也是美国心理学会首任主席、克拉克大学首任校长。——译注

关联,而只是激发人们的兴趣并促进这方面的工作。**弗洛伊德**把精神分析学称为**个体的继续教育**(Nacherziehung des Individuums),如果真是这样,那么教育学很快就有更多东西要向精神分析学习,而不是反过来。精神分析学可以使教育工作者和父母用一种更好的方法来教育孩子,从而使继续教育变得多余。

参与讨论的人有:欧内斯特·琼斯博士、梅兰妮·克莱因、梅农(Dr Menon)、苏珊·艾萨克斯(Susan Issacs)、M. 蒙尼-凯里(M. Money-Kyrle)、芭芭拉·洛(Barbara Low)小姐和大卫·福赛斯博士(Dr David Forsyth)。

费伦齐博士做出了如下回答。

对于**琼斯**博士提出的反对意见,我很遗憾,我的演讲使您误认为我的观点是,一种方法只有让一切变得可测量时才是科学的。我只是"提出而非赞成"* 这种看法。我十分看重数学,但是我相信,即使最好的测量方法也不能代替心理学。即便您拥有一台可以把大脑最精妙部分都投放在屏幕上并且精确记录人类思想和情感所有变化的机器,这些都仍然是内在体验,而您必须很好地联系二者。唯一的解决问题的途径就在于,承认这两种不同的物理的和心理体验的研究方法。

对于**克莱因**女士,我只想说,在人的整个一生中,自由的幻想都可以成为一种非凡的放松方式。如果我们给儿童自由幻想的权利,他们就会在从自闭的活动向集体生活过渡的这一阶段,感

---

* 原文为拉丁文"posito, sed non concesso"。——编注

到更加轻松自在。自然地，父母应该承认他们也具有同类型的幻想。这并不妨碍父母教孩子理解幻想与不可逆转的行为之间的区别。孩子有权利想象自己是全知全能的，随后他会自然而然地并可以从这幻想中获得某种好处，如果有必要，父母应该行使他们的权威，精神分析学从来不禁止父母使用权威，除非他们没有根据地使用权威。

我还记得我与我的小侄子相处的时候，我使用了精神分析学认为应有的柔和态度。他就利用这一点就开始折磨我。最后，他甚至开始动手打我。精神分析学没有教我要无限纵容他。我就把他抱在我的怀里，用双手紧紧握住他，让他动弹不得，我对他说："你现在打我试试。"他试了，但是没有成功，他就开始骂我，说他讨厌我。我对他说："很好，你继续，这些你可以想，你可以说，但是你没有权利真的打我。"最后，他不得不承认我的权威，并且只能在想象中打我。在这一点上，我们最终达成了和平共识。这样一种教儿童控制自己的方法显然不会给他造成压抑，也不是有害的。

至于怎么向儿童解释象征符，我觉得通常情况下，他们在这方面倒是有很多值得我们去学习的，而不是反过来。甚至可以说，象征符本身就是孩子的语言，我们完全不需要教他们如何使用象征符。

今天的演讲就到这里了，我希望这些讨论可以激发更多后续的科研工作。

不受欢迎的儿童及其死亡驱力*
（1929）

欧内斯特·琼斯在他的一篇文章《寒冷、疾病和出生》[①]中，参考了我在《现实感的发展阶段》[②]一文中的一些想法，以及**特罗特**[③]、**斯塔克**[④]、**亚历山大**[⑤]和兰克的一些观点。在这篇文章中，他阐述了那么多的人在童年最初时期所受创伤中感受的寒冷，尤其是当婴儿从母亲温暖的子宫被带到人世间时应当会感受到的不愉悦感，在重复机制的作用下，这种不愉悦感他在后续的成长过程中，将会不断重复经历。琼斯主要是根据生理病症学上的发现而得出他的结论，但同时他也参考了一些精神分析学的

---

* 德文原题为„Das unwillkommene Kind und sein Todestrieb"，1929年，同时刊登于《国际精神分析杂志》德文版和英文版庆祝欧内斯特·琼斯五十大寿专刊，详见书末"附录"。——编注

① „Kälte, Krankheit un Geburt", Internationale Zeitschrift für Psychoanalyse, Bd., Ⅸ, 1923.

② 参见„Bausteine zur Psychoanalyse", Bd.Ⅰ, Internationaler Psychoanalytischer Verlag, Wien, 1927.

③ 威尔弗雷德·特罗特（Wilfred Trotter，1872—1939），英国外科医生、社会学家，神经外科的先驱之一。——译注

④ 奥古斯特·斯塔克（August Stärcke，188—1954），荷兰精神病学家和精神分析学家。——译注

⑤ 弗兰茨·亚历山大（Franz Alexander，1891—1964），匈牙利裔美国精神分析学家，心身医学和精神分析犯罪学奠基人。——译注

不受欢迎的儿童及其死亡驱力（1929）

思考。在这篇简短的演讲中，我希望探讨一个相似的观点，但它涉及的领域更加广泛一些。

从**弗洛伊德**探讨所有器官之物的驱力基础——关于这些基础，人们还无法更进一步分析——这一革命性的著作（即《超越快乐原则》）开始，我们都倾向于用这两大基础驱力即生的驱力（Lebenstrieb）和死亡驱力（Toderstrieb）来解释人生中的一切现象，哪怕是心理世界的问题。有一次，我们听到**弗洛伊德**用这两大驱力的理论完美地解释了一个病理现象，根据他的假设，**癫痫**（Epilepsie）的主要症状表现为自我毁灭倾向（Tendenz zur Selbstvernichtung）的释放，而且几乎到了来自生存意愿（Lebenwollens）的抑制作用完全丧失的地步。此后，我本人的精神分析研究也证实了这一理论的合理性。我了解到一些癫痫的情况，患者在有过某些不愉快的体验之后，认为人生没有任何值得活下去的意义。（当然，在这里我不想确切地说出他们所遭受的是什么性质的打击。）

战争期间，我曾在一家部队医院当主任医师，我的主要任务之一就是诊断许多癫痫症的情况。那里不仅有一些不算少见的歇斯底里症患者，还有一系列典型的癫痫病患，这使我有机会对死亡驱力的表现进行深入的研究。患者们经历了长时间的深沉的昏迷，瞳孔扩散，同时，身体变得坚硬，并且抽搐，然后，肌肉常常彻底松弛，呼吸艰难且伴有噪音，他们极端痛苦，最后舌头和喉咙的肌肉无力。在这个时候，通常一个即时的呼吸系统的阻断就可以有效阻断癫痫发作。在另外的情况下，就有可能造成窒息。因而，我们可以提出一种假设，在与这种昏迷程度相关的差异背后，是对两种驱力的完整解读的差异。不幸的是，一些外部原因导致我无法对这些个案进行更加深入的精神分析研究。

我对某些血液系统的疾病和呼吸系统疾病进行了分析，这些疾病的根源是神经系统出了问题，尤其是**支气管哮喘**，还有**厌食症和消瘦症**，对于这些疾病，我们无法从解剖学得到合理的解释，而正是这一分析使我有机会更加深入地研究无意识的自我毁灭倾向产生的根源。患者的所有这些症状表现都恰好与他们总体的心理倾向一致，他们总是需要与自己的自杀倾向做不懈的斗争。当我重新回顾小儿**声门痉挛**的个案时，我同样能够将其中两个个案阐释为患者尝试通过自我窒息来自杀。正是对这些个案的分析使我有了一种假设，我想在这里提出，我希望更多的观察者（尤其是儿科医生）可以为我的观点提供更多有利证据。

这两位患者在来到人世间的时候，都是**不受家庭欢迎的客人**。一个因为他是家里的第十个孩子，孩子的母亲显然已经负担过重；另一个因为他的父亲得了一种致命的疾病，其后不久便去世了。所有的迹象都使孩子观察到，母亲有意或无意地表现出了厌恶和不耐烦，以致他们的生存意愿被打碎了。在他们以后的人生中，即便遇到的是一些相对来说无足轻重的情况，也足以使他们产生一种死亡意愿，尽管他们也有一种强烈的求生欲。道德观和哲学观都带有明显的悲观主义色彩，迷信，对人不太信任：这些都构成这些主体典型的性格特征。人们也可以说这是一种几乎不加掩饰的怀旧，一种温柔（消极的），无法工作，难以为完成一件事进行持久的努力，因此，可以说在某种程度上，这是一种情绪化的幼稚病，显然更加深了这种性格特征。一个仍然年轻的女人酗酒，研究发现，她极其憎恶生活，而这种感受自童年时期就已经产生了。她在精神分析治疗过程中，反复出现一些障碍，

不受欢迎的儿童及其死亡驱力（1929）

甚至数次产生了难以控制的自杀冲动。她回忆起她是家里的第三个女孩，家中没有男孩，她不受家庭的欢迎，而这一点也为她的家人所证实。当然，她感到自己是无辜的，年纪轻轻就学会了反复思考，她尝试理解母亲对她的怨恨和不耐烦。她在一生中都保持着对宇宙学思辨的爱好，并且带着悲观主义色彩。同样，她反复思索一切活生生之物的起源，这不过是一个没有得到答案的问题的延伸：为什么你们把我带到这个世界上，如果你们并不欢迎我？跟其他个案一样，她的俄狄浦斯冲突也构成了一个力量的考验；她没有能力对抗它，也无法适应夫妻生活的种种问题，这些问题刚好是少有地难以解决；她总是冷漠；她就像我得以观察到的那些男性"不受欢迎的儿童"，他们同样承受着一些或轻或重的精神方面的问题。在这种个案中，我们经常可以找到**琼斯**所提出的冷淡倾向，在某些特别的个案中，他们的体温在夜间甚至会降到正常体温以下，而这种超乎寻常的现象，从器官的角度无法得出合理的解释。

我难以广泛研究这种病症的症状表现形式，可能连一半的症状都探索不完，在这里，我只能从病因学的角度来进行研究。就像我前面提到的，只有单独一个个案的经历还远远不够。我只是想提出这种可能性，因为被粗暴而不仁慈对待的儿童，常常很轻易地并且心甘情愿地死去了。或者，他们借着某种器官的疾病很快就去世了，或者，即便他们逃脱了这一命运，他们看待生活也是悲观主义的，充满厌恶。

这一病因学假设的依据是目前流行的不同理论构想之一，涉及在人生不同阶段，生的驱力和死亡驱力的有效性。在人生一开始的最初阶段，成长速度惊人，受此迷惑，人们倾向于认为，刚刚来到世界的个体的生的驱力大大地占据上风。通常来说，人们倾向于认为生的驱力和死亡驱力是互补的简单系列，生命力最旺盛的时候是在人生刚刚开始的时候，而生命力最薄弱的时候是在年老体衰的时候。然而，就目前来看，好像事实并非完全如此。不管怎么说，在人生最开始的阶段，不管是在母体子宫内还是子宫外，各个器官及其功能都以惊人的速度成长，但这种成长只发生于胚胎和孩子的成长环境极其有利时。孩子需要父母给予的极其多的爱护、温柔和关心，才能原谅父母不经他们同意就把他们带到这个世界上。否则，毁灭的驱力就会活跃起来。并且从本质上来说，这根本就没有什么让人感到惊讶的。因为，新生儿不同于成年人，他还非常接近个体的非存在状态，他还没有人生经历使其远离这个状态。所以对孩子来说，他们很容易就再次滑向这一非存在。在生命之初，抵抗生命中的艰难困苦的"生命力"还非常薄弱。显而易见，只有在对抗身体和心理的打击的免疫力产生之后，在精心的抚养和教育之下，生命力才可以得到增强。在成年以后，随着生病率和死亡率的曲线下降，生的驱力与自我毁灭倾向可以达到互相平衡的状态。

弗洛伊德很早却又很完整地给出了一个"疾病类型"的定义，如果我们尝试着把这些病例根据这个类型来进行划分，那么我们应该把这种病症大致放在纯粹内源性神经症和外源性神经症的过渡阶段，即挫折型神经症。这些患者过早地就失去了对生活的热情，他们似乎没有足够的适应力，根据**弗洛伊德**的划分，他们类似于弗洛伊德分类中那些先天生活能力低下的人，但不同点在于，在我们的个案中，所谓的先天发病倾向，是受到刺激而形成的，因为患者过早地经历了创伤。当然，还有一个任务有待解决：那些从一出生开始就遭受虐待的具有神经症症状的儿童，与那些一开始受到欢迎甚至热爱而后来被抛弃了的儿童，他们之间有什么细微不同。

现在，自然而然有一个问题，那就是关于这类病症的专门的治疗方法，我是否还有什么要说的。在我的其他演讲中，我曾提到我对"弹性的"精神分析技术的各种尝试①。与这些尝试相一致的是，在这些丧失了生活乐趣的个案身上，我发现自己不得不逐渐降低对患者的工作能力的苛求。最后，不可避免地出现了一种情境，我们只能描述如下：在一段时间内，我们得允许患者像小孩子一样放纵，这有点像**安娜·弗洛伊德**认为儿童精神分析治疗有必要做的"治疗前的准备"。通过这种放任，准确地说，我们可以使患者生平第一次享受童年的不负责任，这种做法就等同于，在他的生命里注入**积极的**生的冲动（positiver Lebenimpulse），以及支撑他继续活下去的理由。然后，我们才能谨慎地开始谈论精神分析的挫折要求，而这些要求正是我们的分析的特点。但是这种精神分析，就像所有的精神分析一样，最终都要彻底清除精神分析过程中必然唤起的阻抗，也要让患者可以适应充满挫折的现实世界，同时，希望他有能力去享受真实地赋予他的幸福。

有一位女士，曾经受过自我心理学的影响，而且，她十分聪明，当我在强调对孩子引入"积极的生的冲动"也就是温柔时，她立即对我提出了反对意见：这一点如何与精神分析学十分强调的性欲即神经症的根源进行协调？回答这个问题并不难，在"生殖理论"② 中，我就指出，年纪很小的儿童充满活力的表现基本

---

① 见费伦齐，《精神分析技术的灵活性》（"Die Elastizität der psychoanalytischen Technik", Internationale Zeitschrift für Psycho-analyse, Bd., XIV, 1928）。
② 见费伦齐，《生殖器理论尝试》（Versuch einer Genitaltheorie, Internationale Psychoanalytischer Verlag, 1923）。

上完全是力比多式的（色欲的），但是这种色欲，**恰恰因为它的普遍性**，往往被人们忽视了。只有在色欲的专门器官形成之后，性欲才得到证实和承认。在本次演讲中，我的这一回答也是针对所有对**弗洛伊德**神经症理论的攻击的，这一理论的基础正是力比多理论。

另外，我早已指出，唯有俄狄浦斯冲突与生殖繁衍后代的要求之间的斗争，才经常使得过早获得的对人生的厌恶所造成的后果显现出来。

成人分析中的儿童分析[*]
（1931）

女士们、先生们：

在今天这样一个场合里，在座的许多同仁比我更有资格发表演讲，但是大家选择了我，一个外国人，来为今天的节日讲话，这需要做一些解释，或者说请求你们的原谅。二十五年以来我跟随老师身边，接受他的教导，仅仅是这一年资并不足以作为解释。你们中间许多人，衷心追随老师的时间比我要长。所以请允许我想象一下其他理由。或许你们借此机会来揭穿一个广为流传的谎言，而且这个谎言被精神分析的门外汉和怀疑者所津津乐道。我们无数次地听到有人散布我们的老师排斥异己和"维护正统"的言论。他坚决不能容忍周围的人对他理论有任何批判，他把所有具有独立精神的天才学生都逐出师门，为的是专横地强加他的科学意志。有人把他的严厉比作《旧约》，甚至用种族理论来支撑这种说法。诚然，有一些非常卓越的学生，还有另外一些相比而言较为平庸的学生，在追随了老师或长或短的时间之后，

---

[*] 德文原题为„Kinderanalysen mit Erwachsenen"。1931年5月6日，亦即弗洛伊德教授七十五岁诞辰之日，费伦齐在维也纳精神分析大会上发表了这一演讲，1931年《国际精神分析杂志》德文版与英文版分别刊登了本文的德文版与英译版，详见书末"附录"。——编注

随着时间的推移，与他分道扬镳了，这是一个悲哀的事实。他们的离去，是否真的都是屈服于纯粹的科学动机？我认为他们自离开之后做出的薄弱的科研成果并不能为他们的选择撑腰。

因而，我希望，在今天大家诚挚邀请我的场合下，作为证据来反对人们对国际精神分析协会及其最重要的精神领袖弗洛伊德教授的看法。但是，我完全无意将本人与前面暗示的几位同仁相比，事实上，大家经常把我当作一个令人忧虑的人，就像最近在牛津有人跟我说，我是精神分析的"坏小孩"*。

我所提交的那些建议，无论是从技术还是从理论角度，都受到了令人敬仰的同行的严厉批判，说它们太不切实际了，太异想天开了。我也不能指望**弗洛伊德**本人完全赞同我发表的言论。当我问他的意见的时候，他直言不讳地表达了自己的看法。但他又立马补充道，也许未来，在某种程度上会证明我的看法是有道理的。但是，无论是他还是我，都从未想过，我们要因为这些技术和理论的分歧而停止合作。相反，关于精神分析学最重要的基础原则，我们双方是完全一致的。

从某种角度来说，**弗洛伊德**确确实实就是正统的。他创作的一些作品，在几十年之后，仍然是完好的，并且无须进行任何修正的，仿佛结晶了一般。例如，《梦的解析》一书如同一件精心雕琢的珠宝，无论是实质内容，还是表面形式，都如此完美，它完全抵抗住了时间和力比多的变迁，以至几乎没有任何人敢贸然批评它。感谢命运让我们有机会可以和如此深邃的思想大师一起工作，我要高声说出来，那是如此自由的思想。我借他七十五岁生日的机会，祝愿他思想永葆活力，身体安康。

---

* 原文为法文"enfant terrible"。——编注

*

现在，让我们回到今天的演讲主题。可以发现，最近几年精神分析经验的某些事实围绕一些观点而汇集起来，这些观点促使我得出结论，应该大大地缩小成人分析与儿童分析之间的对立。

朝着儿童分析迈出第一步的人正是我们的同行。除了弗洛伊德本人所做的一个先驱性研究之外，维也纳精神分析师**冯胡格-赫尔穆特**[①]女士是第一位系统研究儿童精神分析的人。正是她首先提出了以儿童游戏的方式开始儿童精神分析的想法。她本人，还有之后的梅兰妮·**克莱因**看到，如果要对儿童进行精神分析，就不得不对成人分析技术进行改革创新，这些改革举措通常是为了减轻成人分析中的严格刻板。所有人都认同并欣赏我们的同行安娜·**弗洛伊德**在这一领域做出的系统的研究成果，还有**艾希霍恩**[②]为了驯服那些最难管的儿童而提出的精明巧妙的方法。至于我本人，在精神分析中，并没有很多机会与儿童直接打交道，但我震惊地发现，我通过完全是迂回的途径，也遇到了儿童精神分析的问题。那么，我是怎么碰到这一问题的呢？在回答这个问题之前，我想用几句简单的话向你们解释一下我工作定位的特殊性。我本人对深度的精神分析的疗效有一种狂热的信心，这使我认为，有时候那些所谓"无法治愈"的个案的失败，是我们作为精神分析师某些不恰当的行为所造成的后果。这种假设，必然使我在面对一些极端复杂的个案，而惯用的技术已经不起作用时，对技术进改革。

---

① 赫尔米内·冯胡格-赫尔穆特（Hermine von Hug-Hellmuth，1871—1924），奥地利儿童精神分析师。——译注
② 奥古斯特·艾希霍恩（August Aichhorn，1878—1949），奥地利教育家和精神分析学家。——译注

所以，我没有办法心甘情愿地放弃那些最棘手的个案，然后慢慢地，我变成了解决疑难病症的专家，并且我在这一领域已经工作了很多很多年。医生的某些术语，例如"患者的阻抗无法克服"，或者"患者的自恋使个案研究无法深入"，甚至是当医生面对一个陷入所谓困境的个案而产生了一种宿命论式的屈服时，这些理由对我来说，都无法接受。我觉得，只要患者还继续来接受治疗，那么这条牵引着希望的线就还没有断。所以，我不停地问自己同一个问题：治疗失败的原因，总是患者的阻抗吗？会不会是因为我们为了让自己处于舒适的位置，而不努力从治疗方法上去适应患者的特殊性？在这些明显陷入困境的个案中，精神分析很长时间以来既没有带来新的观点，也没有取得治疗进展，我感觉到，我们称为自由联想（freie Assoziation）的技术还只是思想的有意识选择，因此我推动患者进入一种更加深入的"放松"，让患者完全沉浸到那些自发涌动的印象、趋势或者内在情绪中。所以，联想越是变得真正自由，患者的话语，还有其他表现，就越是变得天真——或许可以说，孩子气。某些想法或者影像化再现越来越经常地混杂着表达的一些轻微动作，甚至有时候伴有"短暂的症状"，我对这些症状，还有其他的一切都进行了分析。精神分析师冰冷沉默地等待着，甚至毫无反应，这看起来常常会干扰自由联想。患者刚刚准备好要真正地放开，对医生全盘托出，要对他讲述所有发生在自己身上的故事，突然，他从自己的状态里惊醒，吓一大跳，并且抱怨说，知道我安静地坐在他身后，至多是麻木、冷漠地回应以一贯的问题："您说这句话的时候，脑海里想到了什么？"此时他无法严肃对待自己内心的活动。所以，我觉得，我们应该消除这种妨碍患者自由联想的行为，给他机会，让他可以更自由地发挥重复倾向，这样才能带来突破。

但我的这种治疗方法,也需要等很长时间才能得到最初的一些鼓励,并且这些鼓励来自患者自身。我有一个个案:一位正值盛年的患者,在克服了非常严重的阻抵,尤其是那种强烈的不信任感之后,终于下定决心重现幼年时期的经历。得益于对他的过去的分析式澄清,我明白在重现往事的时候,他会把我当作他的祖父。在讲述的过程中,他突然用手环绕着我的脖子,在我耳边轻声说道:"爷爷,我担心我要有个小孩了……"在我看来,我当时有了一个令人高兴的念头,没有马上跟他讲移情(Übertragung)或此类东西,而是用同样的耳语声调回答他:"咦,为什么你会这样想啊?"正如大家所见,我任由自己进入一个游戏,我们可称之为问答游戏,这与儿童精神分析告诉我们的做法完全是类似的,而且很长时间以来,这个小窍门在儿童分析中十分有效。但是不要以为在这种游戏中,我可以提任何问题。如果我的问题不够简单,不能真正适应**儿童**的智力水平,那么对话很快就会中断,而且有不止一个患者向我当面提出,我的表现是不恰当的,所以才破坏了游戏。在这些个案中,有时,我在问答游戏中提出了一些儿童在这一时期还无法回答的问题。有时,当我试图向患者进行一些过于深奥或者过于科学的解释时,我会遭到更为强烈的拒绝。毋庸赘言,面对这种情况,我的第一反应是权威被冒犯的愤慨。当时,因患者或者学生声称比我更了解情况,我感觉自己受到伤害,但是幸好我及时醒悟过来,他本人当然比我更了解发生在自己身上的事,而我所做的都只是猜测。因此,我承认自己会犯错,但结果并没有让我威严扫地,恰恰相反,患者对我有了更多的信任。顺便说一句,某些患者对我把这一方法当作一种游戏而感到愤怒。他们认为这是我不严肃对待这件事的一种表现。这种看法也不无道理,然后我立即向患者和我自己承认道,这种游戏中包含了童年时期的很多重要的真相。我在治疗过程中获得了很多有力的证据。在我说出一个比较有趣的指令之后，某些患者开始沉浸于一种幻觉性不安状态，他们在我面前演出一些创伤性事件，在那些游戏话语的背后，掩藏着对这些事件的无意识记忆。令我印象深刻的是，从我的精神分析师职业生涯一开始，我就注意到一种类似的情况。有一个患者突然在对话的过程中进入一种歇斯底里的恍惚状态。当时我用力把他摇醒，要求他努力把他刚才正在讲述的事情讲完。这种鼓励起了作用，在某种程度上，患者通过我这个人，重新建立起与外在世界的联系，他可以用清晰的句子跟我讲出许多他潜在的冲突矛盾，而不是在歇斯底里的状态下用肢体语言来表达。

  女士们，先生们，就如各位所见，在我的治疗过程中，我把"游戏分析"（Spielanalyse）这种技术小窍门与建立在一系列观察基础之上的假设联系起来，根据这种假设，如果在治疗过程中，那些原初压抑的创伤性过程没有真实再现，我们就绝不能对一场分析感到满意，因为可以说，正是在原初压抑的基础之上，才形成了患者的性格和各种症状表现。根据我们目前的经验和假设，如果你们认为大部分的病理性打击可以追溯到童年时期，你们就丝毫不会吃惊地发现，当患者试图揭开造成他病症的根源的时候，就会忽然变成儿童甚至婴儿。但是此时，某些重要问题就会浮现出来，我也会问自己这些问题。让患者沉浸在童年的原初状态并且放任他们在这种状态下为所欲为，这对治疗是否有好处？这样我们是否就真正完成了一项精神分析的任务？这种做法是不是就正好强化了我们经常受到的批评？这种批评亦即精神分析让人们的冲动完全爆发，不受控制，或者，精神分析使得歇斯底里症骤然发作，而没有精神分析的助长，在外部原因下这也能突然发生，反过来，精神分析师除了给患者一点短暂的安慰，也提供不了任何帮助。再者，通常来说，在精神分析过程中，这种性质的儿童游戏可以运用到什么程度呢？有没有一些衡量的标准，让精神分析师可以判断儿童式的彻底放松可以使用到什么程度，又是在什么情况下必须开始进行挫折教育？

显然，精神分析的任务并不随着童年期状态的激活，或者创伤的行为性再现而完成。投入使用的或以其他方式重复的游戏素材，以及其他的所有东西，都应该加以更深入的分析调查。诚然，**弗洛伊德**有理由教育我们，当分析成功地以回忆取代行动时，分析便取得了某种成功。但是我认为，唤醒一种十分重要的行动素材，使之其后转化为回忆，这也是有好处的。原则上来讲，我也反对这种不受任何控制的大爆发，但我觉得，在开始思想工作和教育工作之前，应尽可能地发现隐藏的那些行为倾向。人们无法在逮着小偷盗窃之前就逮捕他。我有时把精神分析变为儿童的游戏，你们不要觉得我的精神分析在本质上就与一直以来人们所实践的精神分析差别甚远。与惯常的做法一样，一开始，先从那些表层的心理层面入手，谈论一些忧心的事，比如总是从前一天晚上发生的事开始，然后可能进行梦的分析，但是一次"正常的"梦的分析很容易变得幼稚或激动。然而我不会放过任何一次机会对这种行动素材进行分析，而且我也会充分利用我们所知道的有关移情、阻抗理论和症状形成的元心理学研究的一切理论——我也会让患者意识到这一素材。

至于我提出的第二个问题，也就是在精神分析中，这种儿童游戏的行动可以进展到什么程度？我认为可以这样回答：成人也应该有权利在分析中表现得像一个任性的儿童那样，也就是说放纵地行事。但是，有时候，当患者自己犯下他有时候批评我们所犯的错误时，当他在游戏中，从他正在扮演的童年角色中跳出来，而试图在成人行为方面活在儿童现实中时，我们就应该告诉他，是他破坏了游戏；即便有时候很难，但我们应该让分析者的行为模式和程度限制在儿童状态。关于这一点，我想提出一种假设，那就是儿童所有的情绪表达活动，尤其是力比多方面，本质上都可以追溯到母亲与孩子的亲密关系，而恶劣行为、激情爆发、放纵倒错，通常是周围人没有掌握好对待儿童的分寸而造成的后果。当精神分析师通过耐心、理解、仁慈和友善，最终尽可能地与患者相遇时，这是精神分析的一个优势。因而，精神分析师与患者一起创建了一个基础，在这个基础上，就可以针对迟早会到来的冲突进行最彻底的斗争，但能够实现重归于好。患者将可以真切地感受到分析师的做法，与当年他在自己真实的家庭中所遇到的情况截然不同，并且患者知道，自己受到分析师的保护，而不必真实地重复童年的经历，因而，他敢于陷入对令人不悦的过去的重现。所发生的这一切，让我们深深地回想起儿童精神分析学家所告诉我们的东西。比如，有一次一个患者承认自己犯了一个错，他忽然抓住我们的手，并恳求我们不要打他。患者也经常试图通过自己恶毒的行为、挖苦讽刺的语言、粗暴冒失、各种没有礼貌的行为甚至是做怪相，来激起他们假定我们隐藏起来的恶毒。在这种情况下，扮演一个无限宽宏大量的人完全没有好处，更恰当的做法是向患者坦承，他的这些行为令我们感受不舒服，但我们必须克制自己的情绪，要知道，他们自损形象扮演坏人不是没有原因的。由此，我们也可以知道，患者在他周围人的行为中经常发现不真诚和虚伪，尽管打着支持和爱护的幌子，所以患者隐藏了对他人的批评，最后也隐藏了对自己的批评。

还有一种情况也经常发生，患者在自由联想的过程中，忽然跟我们分享一些他们的创作,有时候是一首诗,有时候是一些押韵的段落,还有些时候,他们要一支铅笔来作画送给我,通常是一些很幼稚的画作。我当然会任由他们做这些事,并且我会把这些小小的馈赠当成他们幻想训练的出发点,收集起来以便之后进行分析。那么,这些做法是不是让人想起儿童分析的一个断片?但是,请允许我在这个场合承认一个策略上的错误,对这个错误的弥补让我明白了一个非常重要的问题。那就是:我对我的患者的做法,是不是在一定程度上可以视为一种建议或者一种催眠方法。我的同事伊丽莎白·**赛文**①,她在跟我做训练分析,有一天,在一次讨论过程中,她向我指出,我的问题和回答有时会扰乱她自发的幻觉的产生。在涉及幻觉产生时,我应该限制我的帮助,即在患者力量变弱时试图激励患者继续工作,鼓励他们克服因焦虑而产生的抑制,诸如此类。如果我的激励的方式是一些非常简单的问题,而不是一些断言,那就更好了,因为这就迫使受分析者(Analysand)通过自己的方式去继续工作。从中可以得出一个理论观点,对此我有了很多新的体会,那就是,分析中就算我们可以提出"暗示",这个建议也应该是一种总体性的鼓励,而不是某种具体的导向。我认为,这与精神分析治疗师惯常使用的暗示有本质的不同,实际上,那只是精神分析过程中一些不可避免的指令的强化:现在,请您躺下,让思想自由地流淌,并说出脑海中呈现的一切。即便是幻想的游戏,也不过是类似的鼓励罢了,只是更明显而已。至于催眠问题,我们的回答也是一样

---

① 伊丽莎白·赛文(Elizabeth Severn, 1879—1959),精神分析师,与费伦齐进行相互分析。她既是精神分析史上最具争议的分析家之一,又是她自己的精神分析师,被弗洛伊德谴责为"邪恶的天才",弗洛伊德不赞成赛文的工作,将她排斥在精神分析主流之外。——译注

的。在自由联想的过程中，一些出神的和忘我的现象是无法避免的，但是，鼓励患者走得更远、更深入，这促使——在我的引导下，我必须坦率地承认这一点——一种更深刻的出神出现，当这种出神可以说是如幻觉一般时，如果愿意，可以称它为自我催眠；我的患者都乐意称之为通灵状态。重要的是不滥用这个最为不幸的阶段，让精神分析师自己的关于幻想的知识和理论渗入患者毫无阻抗的心理之中。毫无疑问，对患者来说这是很大的影响，恰当的做法是利用这种影响，来增长患者自己解决问题的能力。用一种不太恰当的表达方法，我们可以说精神分析师不应该"向内暗示"患者或者"向内催眠"患者，正相反，"向外暗示"或者"向外催眠"不仅是允许的，而且是有用的。关于儿童的理性教育要采取什么样的路径，就从这里开启了一种前景，从教育学的角度来看这是很重要的。要知道，儿童很容易受到影响，而且他们遇到困难时倾向于不带阻抗地依靠一个成人，所以在儿童与成人的关系中就存在一个催眠的因素，这既然是一个无可争议的事实，就需要我们去适应。所以，考虑到成人对儿童的巨大影响，不应该像人们通常所做的那样，总是利用这种影响，将我们自己的刻板规则作为外部强加的东西，印刻在儿童柔软的心灵中，而是应该将这种影响转变成一种方式，借以教导他们更加独立，更有勇气。

如果在分析情境中，患者感到受了伤，感到失望，或者被放弃，他就会像个被抛弃的孩子一样，自己跟自己玩。我们十分清楚被抛弃会造成人格分裂。他自身的一部分开始扮演母亲，另一部分扮演父亲，以此撤销被人遗弃的事实，就好像没有发生过一样。在这个游戏中，令人感到好奇的是，不仅患者身体的某些部分，比如手、手指、脚、性器官、头、鼻子、眼睛变得可以指代整个人,并且变成一个舞台,他自身悲剧的各种波折重现其上并得到调解;而且,人们由此能够觉察出心理领域自身的一些过程,我过去称这些过程为心理"**自恋型自我分裂**"(narzisstischen Selbstspaltung)的大致过程。受分析者——显然还包括儿童——在他们的幻想中浮现出大量的对自己的自我象征性感知或者无意识心理,数量令人震惊。有人对我讲述一些小故事,比如,有一只凶猛的动物试图通过牙齿和爪子来摧毁一只水母,但是它打不到,因为水母的身体十分柔软,通过把自己的身体变成圆形,水母躲避过所有的击打。我们有两种方式可以来解释这个故事:一方面,它解释了患者在面对外部世界侵犯时的一种被动阻抗;另一方面,它表明了患者自身分裂为两个部分,一部分是敏感的,被粗暴地摧毁了,另一部分了解全部的事情,但从某种角度来说,感觉不到任何东西。这种原始的压抑过程在幻想或者梦中更清晰地表达出来;在幻想或梦中,头部,也就是我们思考的器官,与身体的其他部分分离了,自己在走,或者只用一根细线与身体相连,所有这些情况都应该得到一些解释,不仅是还原历史的解释,也需要自我象征意义上的解释。

至于这些分裂和再聚合过程的元心理学意义,今天,我不想做过多的陈述。事实上,我们有很多地方要向我们的患者、学生,当然还有儿童学习,如果我能够向你们表达我的这一感受,我将会感到十分满意。

好几年前,我曾做过一个简短的演讲,内容是关于经常出现的一种典型的梦境,我称之为"智婴的梦"(Traum vom gelehrten Säugling)。在这些梦中,一个刚出生的婴儿,或者一个还在摇篮中的宝宝,忽然就开始讲话,给父母或者其他成人一些中肯的建议。我有一个个案,在精神分析的过程中出现幻想:这个不幸儿童的智慧表现得完全像另外一个人，以抢救一个受伤严重的儿童为己任。"快啊，快啊，我应该怎么做呢？有人伤害了我的孩子！这里有没有人可以帮帮他啊？看哪，他血都流干了！他快停止呼吸了！我得亲自包扎他的伤口。加油啊，孩子，深呼吸，不然你就会死的。啊，他的心脏停止跳动了！他死了！他死了！……"与梦的分析有关的自由联想停止了，患者角弓反张，做出一些好像在保护他的小腹的动作。他此前几乎处于一种昏迷的状态，利用我前面讲过的鼓励和提问的方式，我成功地与患者重新建立接触，并且迫使他讲述他在童年早期遭受的一次性侵创伤。通过这一次的观察，以及其他很多类似的观察，在这里我特别想指出自恋型自我分裂的根源问题。在我们很小的时候，甚至在最幼小的年纪，当危难临头时，我们自身的一部分就会以一种自我感知的精神动因形式分裂出来，似乎在尝试进行自我救助。因为我们都知道，那些在精神上和身体上受过很多磨难的孩子，他们都显得面容老成而早慧。他们也倾向于给予他人母亲般的关怀，显然，他们自己曾经遭受过悲惨经历，因而懂得对他人将心比心，他们变得善良而且乐于助人。当然，也并不是所有人都能克服自身的痛苦，一些人变得善于自我观察，并常常陷于神经衰弱之中。

但毋庸置疑的是，儿童分析和儿童的联合力量仍然面对艰巨的任务，即去提出问题，而实质上，正是儿童分析与成人分析的那些共同点将我们引向了这些问题。

甚至，人们可以不无道理地说，我对我的受分析者所采用的方法就是"溺爱"。我们牺牲了对自身舒适的一切考虑，尽可能让位于欲望和情感冲动。我们会延长一次分析的必要时间，为的是平复素材引发的情绪；在分析情境中，我们澄清误会，追溯童年经历的时候，不可避免地会激发矛盾，在把矛盾全部解决掉并实现真正的和解之前，我们不会把患者放走。我面对患者，就有点像一个温柔的母亲，她断然不会在没有和孩子把问题谈论清楚之前就去睡觉，她一定会安抚并解决孩子或大或小的所有忧愁，孩子的恐惧、敌意，以及悬而未决的所有问题。通过这些做法，我们可以让患者继续处在童年早期的被动客体对象关爱的阶段，这时候患者就会像个马上进入甜美梦乡的孩子一样，轻声地自言自语，我们得以观察他的梦境。但是，即便在分析治疗中，这种温柔的关系模式也不能无止境地持续下去。有句谚语是"越吃越有食欲"*。变成儿童的患者表现得越来越苛求，不断推迟和解情境的到来，为的是避免再次变成独自一人，为的是逃避不被爱的感觉；或者，患者通过这些越来越危险的威胁行为来激发我们对他们的惩罚。当然，在一个分析过程中，移情情境越复杂、越激烈，造成的创伤也越大，这种时候我们最终也越是不得不对这些放纵行为说不。患者沉浸在挫败的情境中，我们对这种情况十分了解，他们首先重复过去的无助的愤怒，然后进入瘫痪状态。在这种情况下，分析师需要付出很多努力，给予很多理解，掌握分寸感，才能在这些情况下将患者引向和解，而不是让他们一直处于童年所经历的那种疏离（Entfremdung）之中。这种情况可以使我们有机会了解创伤起源的发作机制：患者首先经历了瘫痪阶段，丧失了所有自然的本能，然后是所有的思考能力，甚至身体陷入类似于休克甚至昏迷的状态，然后，开始逐渐恢复至一种新的——错位的——平衡情境。即便是在这些阶段，如果我们能够与患者建立接触，我们就会明白，那个感觉到被抛弃了的孩子，可以说丧失了生活的全部乐趣，或者用**弗洛伊德**的话说，他

---

* 原文为法文："L'appétit vient en mangeant."——编注

把攻击转向了自己。有时候，情况非常恶劣，患者似乎可以感觉到自己渐行渐远或者正在死去；他脸色惨白，似乎马上要昏迷了，他们肌张力增加，甚至出现角弓反张。在我们眼前所发生的这一切，是心理上和生理上的濒死状态的重现引起无法理解并难以承受的痛苦。我顺便也发现了这些"垂死"的患者因此可以为我们提供一些关于人死后的世界和死后的存在本质的信息，但这些讨论会使我们偏离今天的主题太远。当我和来自伦敦的同事**里克曼博士**①讨论这些极端危险的案例时，他问我身边是否有一些药品，可以在必要情况下救患者的性命。我告诉他我有，但是至今我还没有机会真正用到那些药品。一些安抚人心的话语、良好的分寸感，有时候还可以通过强有力的握手来传递鼓励，如果这些都不足以安慰患者，友善地抚摸一下头，这可以有效缓解患者的反应，直到他重新变得能够接近。这时候，患者就会跟我们讲述，在童年时期，面对他的创伤休克，成年人的不恰当的行动和反应，与我们现在的举措完全相反。最糟糕的做法，真的就是否认，断定什么事都没有发生，孩子什么痛苦都没有，甚至当孩子思想和行为出现了创伤后的瘫痪时，还打骂孩子。正是成年人不断否认事实，才使儿童的创伤变成病因。我们甚至有种印象，如果在这些严重的休克发生时，母亲是在场的，并且表现出了无限的理解和温柔，甚至更为难得的是表现出一种完全的真诚态度，那么儿童完全可能从休克中走出来，而不会留下失忆或者神经症的后遗症。

我可以预料到，有人会提出如下的反对意见：我们难道应该

---

① 即约翰·里克曼（John Rickman，1891—1951），英国精神病学家和精神分析学家。——译注

成人分析中的儿童分析(1931)

首先溺爱患者,让他沉浸在无比安全的幻觉中,然后让他经历如此痛苦的创伤吗?我要为自己做辩解,我并没有故意去引发这一过程,这一过程的出现是由于我尝试加强患者联想的自由,在我看来这种想法是正确的;我对这种自然而然出现的反应怀有某种敬意,我让它们自由发展,而不去打断,因为我认为,这些反应表现出重现过去的倾向,我们不应该打断,恰恰相反,我们应该在尝试控制局面之前,先促使这些本能的反应表现出来。我相信,教育学家在日常教育儿童的过程中,也会碰到这种类型的经历,我将留给教育学家去决定在什么程度上可以采取这种做法。

我可以毫不迟疑地说,患者在经历过童年创伤的狂乱(Entrückung)状态之后,清醒过来的行为举止是非常令人震惊的,也同时是非常有意义的。从中我们可以清楚地看出,以后患者经历休克时,会在身体的哪些部位出现症状。例如,我有一个女性患者,她遭遇创伤后的表现是身体抽搐,血液冲到大脑,脸色变得苍白;然后,她好像从一个梦中醒来,对刚才发生的事,什么都不记得了,也记不得事情的起因;她只是感到头痛欲裂,而这个症状经常会出现,越来越严重。我们是否发现了这样的一个生理过程:完全是心理上的一个情绪活动可以歇斯底里地转移到某个身体器官上而变成一个生理过程?我可以毫不费力地举出六七个类似的案例,但是举出一两个就足够了。有一个患者,童年的时候被他的父母遗弃了,甚至可以说他被上帝遗弃了,他承受了极大的身体和心理痛苦,当他从一场创伤性昏迷中醒来时,除了失忆,他的一只手失去了知觉,并且发白如死尸一般,但是,他相对来说还是比较平静的,几乎是立刻能够重新开始工作。通过这一个案,我们不难发现,所有的痛苦甚至死亡,可以说当场就都转移至身体的单独一个部分:那只像尸体一般惨白的手代表了他痛苦的整个人，也代表了他在失去知觉、面对死亡威胁时斗争的结果。还有一个患者，在再现了创伤之后，走路变得一瘸一拐：他一只脚中间的那个脚趾变得软弱无力，以至他每走一步都小心谨慎。暂且不说中间的脚趾有性的象征义，通过这种行为，他在告诫自己：每走一步都要小心，避免再发生同样的事情。患者说英语，他对我的解释做了补充："您是不是想说，我其实在证明一个英国谚语：'注意脚下。'*"

如果我现在突然停顿下来，并且想象听众话到嘴边，那么我应该可以听到从四面八方传过来的疑问：我们还能把在成人分析中所做的儿童分析称为精神分析吗？事实上，您说的几乎全是情感爆发、近乎幻觉的鲜活重现、创伤性场景、痉挛和感觉异常，所有这些，我们都可以充满信心地称之为歇斯底里症发作。那么，经济学、拓扑学、动力学（ökonomisch-topisch-dynamische）角度的细致分析，症状的重新构建，以及对自我和超我能量不断变化的投注的追踪研究去哪里了呢？毕竟，现代精神分析的主要特征在于以上这些研究。实际上，在此次演讲中，我几乎只评估了创伤因素，当然，在我的实际分析过程中，绝不是这样的。我的分析在几个月甚至几年的时间内，也是针对内心（intrapsychischen）能量之间的冲突展开的。例如，面对强迫性神经症患者，往往需要至少一年甚至更长的时间，让情绪层面的东西可以仅仅通过语言获得表达；在突然出现的素材的基础上，患者和我唯一能做的就是，从智识角度来寻找是什么原因导致他采取各种预防措施，他为什么表现出情感态度和行为模式上的矛盾，以及他进行受虐性自我惩罚的动机何在，等等。但是，根据我的经验，或

＊ 原文为英文："Watch your step."——编注

早或晚，通常是比较晚的时候，患者会出现一种智识上层结构的坍塌，与此同时，患者总是原始且感情充沛的下部结构会突然猛烈地暴露出来，只有在这个时候，重复现象才会开始上演，而且，自我与外部世界的原始的斗争才会开始得到新的清算，这一切就如同患者童年很可能经历的那样。不要忘了，小孩子在经历痛苦的时候，其反应首先是身体上的；只有在后来，他才学会了控制自己的行为举止，这就和所有的歇斯底里症状是一样的。所以，要听神经科医生的话，他们认为现代人明显的歇斯底里症表现要少得多，而几十年前对歇斯底里症的描述和看法是，它相当广泛地在社会上流行。这一切好像说明，现代文明的进步使神经症患者也变得更加文明化、更加成人化，但是我认为，如果我们有足够的耐心和恒心，我们可以拆除患者完全是内心的坚固防御机制，并把他们带回到童年创伤时期。

还有另外一个棘手的问题，即有关治疗效果的问题，我知道你们很快就会向我提出来。请你们理解我，关于这个问题，目前我不给出决断性的结论。但是有两点我需要承认：我曾经希望通过放松（Relaxation）和宣泄（Katharsis）来大大地**缩短**精神分析的时间，但直到现在为止都没能实现，而分析师工作的困难大大增加了。但是我认为，得到极大促进并且我希望未来能得到更大促进的，正是我们对或健全或病态的人类心理运行机制的理解，由此我们希望，建立在这些深层基础上的治疗结果将会有更多的机会保持下去。

最后，在结束之前，还有一个实践操作方面的问题。**训练**分析（L e h ranalysen）是否也应该、也能够达到这一童年的深层次？鉴于我做的精神分析没有时间限制，这也造成了许多实际操作的困难。然而我认为，无论是谁，只要有理解和帮助他人的抱负，就不应该在这个重大的牺牲面前退缩。所以，即便是对那些单纯出于职业目的而接受分析的人来说，在分析过程中也会变得有一点歇斯底里，也就是说有一点病态；很明显，性格的形成本身也可以视作重大的童年创伤的远期后果。但是，我相信，沉浸于神经症和童年的这种宣泄结果其疗效最终还是令人振奋的；如果我们把这种沉浸进行到底，它是不会造成任何危害的。许多同行在自己身上做传染性和中毒性的实验，无论如何，相较于他们的这些英雄主义的尝试，这种方法的危险性还是小得多的。

女士们，先生们！如果将来有一天，我在这里跟你们分享的观点和想法可以被认可，那么我要公道地把这份成绩与我的患者、同事和我自己一起分享。当然，还要与我前面提到的儿童精神分析师们一起分享。如果可以为成人分析与儿童分析更加深入的合作奠定基础，那我将感到非常荣幸。

如果我今天演讲的内容，正如我最近几年发表的其他一些演讲，从我的那些视角给你们留下一种幼稚的印象，我也并不感到奇怪。一个在精神分析领域工作了二十五年的分析师，突然开始对心理创伤事实感兴趣，这就如同我认识的一个工程师，在工作五十年退休之后，每天下午会去火车站欣赏火车发动的时刻，并且时不时地发出惊叹："火车头是多么神奇的发明啊！"或许，我学会了这种趋势或能力，去天真地思考我们所熟悉的事物，就像我们的精神分析大师**弗洛伊德**那样。我永远忘不了，有一个夏天的早上，他忽然对我说："看啊，费伦齐，梦真的是我们欲望的满足啊！"然后，他对我讲了他刚刚做的梦，这个梦的确是对他天才的梦的理论的一个强有力证明。

女士们，先生们，我希望你们不要立马就否决我刚才所讲的内容，而是至少保留你们的判断，直到有一天你们在同样的情况下从你们的经历中得出一些结论。无论如何，非常感谢你们耐心听完了我的演讲。

成人与儿童的语言混淆[*]：
温柔与激情的语言^{**}
（1932）

想要在一次会议报告中，强行引入性格和神经症形成的外部原因这一宽泛的主题，这是一个错误。

因此，我将仅仅向大家汇报一个摘要。也许首先需要指出我是如何提出题目中的这个问题的。我在维也纳精神分析学会举办的弗洛伊德教授75周岁生日庆典的演讲中，谈到了一种在技术上（以及部分地在神经症理论上）出现的倒退，这是由于治疗失败或者不完全成功所造成的。在这里，我赞成最近对创伤因素的重视，而在过去创伤因素被不公正地忽视了，特别是在神经症的发病机制中。不充分研究外部因素，急功近利地做出解释，简单地归结为遗传倾向和体质因素，这往往会招致危险。那些令人印象深刻的表现，还有创伤性事件的近乎幻觉的重复，在我的临床实践中开始不断积累。我希望，通过情感宣泄，大量被压抑的情

---

* 德文原题为„Sprachverwirrung zwischen den Erwachsenen und dem Kind (Die Sprache der Zätlichkeit und der Leidenschaft)"，最早宣读于1932年9月在德国威斯巴登（Wiesbaden）召开的第12届国际精神分析大会上，后发表于《国际精神分析杂志》1933年第19卷第1/2期。——编注

** 原题为《成人的激情及其对儿童性格与性欲发展的影响》(„Die Leidenschaft der Envachsenen und deren Einfluss auf Charakter-und Sexualentwicklung der Kinder")。——编注

成人与儿童的语言混淆：温柔与激情的语言（1932）

感可以进入有意识的情感生活中，从而很快结束症状，尤其是通过精神分析工作，使情感的上层结构能变得足够柔软。不幸的是，这种愿望往往难以真正实现，甚至在好几个个案中，我感到非常为难。分析有时会大大刺激重复机制的发生。人们可能会看到某些症状表现出明显改善，但与此同时，患者开始抱怨夜间的焦虑，甚至为痛苦的噩梦所折磨；每次分析会谈都演变成歇斯底里性焦虑危机。看似令人担忧的症状得到了细致的分析，这显然使患者感到满意和安心，尽管如此，结果还是不尽如人意，次日早晨，患者再次抱怨可怕的夜晚，分析会话变成了新的创伤重复。有一段时间，我用常见的说法来安慰自己：患者的阻抗太强，他忍受着一种难以察觉的压抑，只能一步步地摆脱。经过相当长的一段时间，没有发生实质性的变化，我不得不再次自我批评。当患者指责我冷漠、冷酷甚至残忍时，当他们指责我自私、没心没肺、狂妄自负时，当他们向我喊着"快点，帮帮我，不要让我在困苦中死去……"时，我都竖起耳朵仔细听着。我深刻地自我反省，看是不是尽管我有良好的意愿，但这些指责中仍存在真实之处。必须说，这些气愤和暴怒很少发生；通常情况下，在会话结束时，我的解释被患者以非常服从和急切的方式接受，即便他们仍感到困惑。但是我有一些一闪而过的印象，我怀疑即便是这些顺从的患者也会秘密地感到愤怒和仇恨的冲动，我鼓励他们不要再对我心存顾虑。但是这种鼓励并不太成功，大多数人坚决拒绝这种过分的要求，尽管这种要求在一定程度上得到了分析材料的支持。

我逐渐确信，患者能够非常敏锐地感知分析师的愿望、倾向、情绪和喜恶，甚至分析师本人对此都毫无意识。患者不会反驳分析师，指责他失败或犯错，而是与分析师**产生认同**。只有在异常激动的癫痫样状态下,也就是几乎在无意识状态下,患者才能鼓起足够的勇气来提出抗议。通常情况下,他们不允许自己批评我们;这样的批评甚至不会浮现在他们的脑海中,除非我们明确允许或直接鼓励他们这样做。因此,我们不仅需要学会通过患者的联想来猜测他们过去的痛苦经历,还必须更努力地猜测那些针对我们的被克制或压抑的批评。

这就是我们遇到的相当大的阻抗,不是患者的阻抗,而是我们自己的阻抗。首先,我们自己必须经过深度分析,充分了解我们自身所有痛苦的性格特质,无论是外部还是内部的,以便预料到患者的联想中可能包含的所有潜在的恨意和鄙视。

这就引出了一个问题,即分析师自己的分析做到了何种程度,这个问题的重要性越来越凸显出来。不要忘了,深度分析一个神经症几乎都需要数年时间,而教学分析通常只持续几个月或者一年至一年半的时间,这可能导致一种困窘的情况,患者的分析水平渐渐地比我们更高。至少他们会表现出这种优越感的迹象,但无法通过口头表达出来。他们变得极度顺从,显然是因为无法批评我们或害怕批评我们而引起我们的不悦。

大部分的批评都被压抑了,这可以称作**职业虚伪**。当患者走进来时,我们会礼貌地接待他,要求他与我们分享他的联想,向他承诺认真倾听,努力让他感到舒适,并竭尽全力阐明问题。实际上,患者的某些内外部特质可能让我们难以忍受。或者,我们感到某场分析会给更重要的工作任务或私密生活带来令人不快的干扰。在这种情况下,我认为唯一的方法就是意识到我们自己的困扰,并与患者谈论,不仅将之作为一种可能性而提出,而且承认这种现实情况。

值得注意的是,"职业虚伪"一直被认为是不可避免的,实际上，放弃"职业虚伪"非但不会伤害患者，反而能为患者带来显著的慰藉。即便患者再次创伤性癫痫发作，至少症状也能明显减轻。患者能够在**头脑**中再现过去的悲剧事件，而不会再次失去心理平衡；他的整体人格水平似乎都提高了。

是什么造成了这种情况？在医生和患者之间一直缺乏真诚，一些从未被表达的东西，现在通过某种方式得到解释，这会使患者开口。承认错误会让患者信任分析师。我甚至有一种感觉，偶尔犯错误并向患者坦白，这个方法很有用，但这种建议肯定是多余的。因为无论如何，我们都已经犯了足够多的错误，一位非常聪明的患者对我们犯的错表示愤怒，这完全是有道理的，她对我们说："您最好避免犯任何错误……医生，您的虚荣心甚至想要利用您的失误……"。

发现并解决这个纯粹技术性的问题，让我得以进入一个隐藏的、迄今为止很少受到关注的领域。在精神分析情境中，这种冷漠的保留态度、职业性虚伪，以及医生对患者的反感——即便这种反感被隐藏起来，患者也完全能感受到——这一切与曾经致病的情况，也就是童年的经历，在本质上没有太大不同。在这种分析情境中，如果我们在精神分析中迫使患者再次重现创伤，那么这种现实情况将变得无法忍受；因此，这样的分析无法产生比原始创伤本身更好的结果，或者不一样的结果。对此我们不必感到惊讶。但是，能够承认并改正错误，允许批评的发生，这让我们赢得了患者的信任。**正是这种信任建立了现在与曾经令人无法忍受的创伤性过去之间的对比。**这种对比对于唤醒过去的经历至关重要，这种唤醒，不是幻觉的再现，而是一种客观的记忆。我的患者表达出的潜在批评，敏锐地揭示出我在积极治疗过程中，为了使患者能够达到深层放松，有时会带有攻击性，有时又有职业虚伪，这些批评教我承认并控制这两个方面。我同样感激那些患者，他们让我明白我们往往过于坚持某些理论构建，而忽略了那些可能动摇我们的信心和权威的事实。无论如何，我明白了为什么我们无法影响歇斯底里症的发作，以及最终我们如何能够获得成功。有一位才华横溢的女士，当她的一个朋友处于昏睡的状态时，无论是摇晃还是尖叫都无法将其唤醒。她突然想到以儿童的方式与其说话："去吧，宝贝，滚到地上去……"我发现在这种情况下我与她的做法一样。在分析中，我们经常谈到对婴儿时期的退行，但显然我们自己并不清楚我们是否真的有道理。我们经常谈到人格分裂，但似乎我们难以真正认识分裂的程度。如果在面对一个角弓反张的患者时，我们仍然保持冷漠和教育的态度，这将打破我们与患者之间最后的纽带。失去了意识的患者，在惊恐不安的状态下，**实际上**就像一个孩子，听不懂道理，对母亲的慈爱却非常敏感。如果患者没有感受到这种慈爱，他就会独自一人被遗弃在最深的痛苦中，也就是说，他会重新陷入过去那种难以忍受的情境中，这会导致他的精神分裂，最终酿成疾病。因此，患者只能不断精确地重复心理冲击引发的症状，就像疾病形成时那样，这也就不足为奇了。

患者不会因为我们戏剧式的怜悯而感动，而只有真正的同情才能打动他们。我不知道他们是否可以从我们的声音、措辞或其他表达方式中识别出这种同情。无论如何，他们能以一种近乎超感知的方式猜测到分析师的思想和情绪。我认为几乎不可能在这一点上欺骗患者，任何欺骗的后果都只会引起不快。

请允许我告诉你们，与患者建立更加亲密的关系使我可以更好地理解。

首先，我得以确认了之前提出的假设，即作为致病因素的创

成人与儿童的语言混淆：温柔与激情的语言（1932）

伤，特别是性创伤，我们强调得还远远不够。即便是出身光荣、遵循清教传统的家庭的儿童，也常常是暴力和性侵犯的受害者，这种情况发生得比我们想象的要多得多。这些不幸的情况，可能是父母试图以病态的方式寻找替代品来补偿自己的不满，或者是家庭内的亲信（叔叔、阿姨、祖父母）、家庭教师或工人利用儿童的无知和天真。如果认为这些都是孩子们自己的幻想或者歇斯底里性的谎言，这种说法没有说服力，因为大量患者在分析中坦白承认自己对儿童实施了不当行为。因此，最近，当一位深感绝望的博爱的教育家找到我，告知我他已经发现了五次如下情况，即最尊贵的社会阶层家庭的女管家与九至十一岁的男孩们过着真正的同居生活时，我并没有感到多么震惊。

乱伦行为通常会以这种方式发生：

一个成年人和一个孩子相互喜欢；孩子有一些游戏的幻想，比如扮演成年人的母亲角色。即使这种游戏可能有一些爱欲成分，也始终保持在温柔的层面上。然而，对于那些有心理病理倾向的成年人来说，情况并非如此，特别是如果他们的平衡力或自制力受到某些不幸事件、药物或有毒物质的干扰的话。他们会把孩子们的游戏与成熟的性欲相混淆，不考虑后果地发生真正的性行为。强奸幼女的行为、成熟女性和年幼男孩之间的性行为，以及强制性的同性性行为，都很常见。

很难猜测孩子在经历了这种情况后的行为和感受。他们的第一反应可能是拒绝、憎恨、厌恶，甚至可能有激烈的抵抗："不，不，我不要，太痛了，放开我！"如果不是受制于强烈的恐惧，这将是他们的本能反应。孩子们在生理和道德上都感到毫无防御力,他们的人格还太脆弱,无法抗议,甚至在思想上也没有能力,成年人的压倒性力量和绝对权威使他们沉默,甚至可能失去意识。**但是当这种恐惧达到顶点时,会迫使孩子自动顺从侵害者的意愿,猜测并满足侵害者的每一个欲望,完全忘记自己,与侵害者相认同。**通过认同,也就是通过内化侵害者,侵害者作为外部现实消失了,而成为内在心理的存在;但是孩子的心理会进入一种类似于梦境的状态,也就是创伤性恐惧不安的状态,服从原始过程,也就是内在心理会依据快乐原则,以幻觉的方式被塑造和转化,无论是积极的还是消极的。无论如何,侵害不再作为外部固化的现实,在创伤性的恐惧不安中,孩子成功地保持了先前的温柔的情境。

然而,孩子与成年伴侣的焦虑认同引起了孩子心灵的重大变化,而这种变化实际上是**内摄了成年人的罪恶感**:原本无关紧要的游戏变成一种应该受到惩罚的行为。

如果孩子能够从这样的伤害中恢复过来,他会感到极度的混乱。事实上,他已经分裂了,既是无辜的,又是有罪的,他对自己感受的信任也被打碎了。此外,成年人由于悔恨而变得更加愤怒,并备受折磨,他的行为变得更加粗鲁,这会导致孩子更深刻地认识到自己的过错而感到更加羞愧。侵害者会表现得若无其事,他会自我安慰:"哦,他只是个孩子,什么都不懂,他会忘记这一切的。"几乎总是如此。在这样的事情之后,经常会看到引诱者恪守严格的道德观念或宗教原则,试图通过这种方式来救赎孩子的灵魂。

通常情况下,孩子与另外一个可以信赖的人之间的关系——在所选择的个案中是母亲——往往没有亲密到使他可以从她那里获得帮助的程度;孩子做出的一些微小的尝试都被母亲视为傻事

成人与儿童的语言混淆：温柔与激情的语言（1932）

而遭到拒绝。受到虐待的孩子，要么变成一个机械顺从的人，要么变成顽固抵抗的人，但他自己也难以理解产生这种态度的原因。他的性生活难以正常进行，也许会变得扭曲；我在这里不讨论由此可能产生的神经症和精神病。从科学的角度来看，这个观察中重要的假设是，**尚未充分发展的人格在遭遇突然发生的痛苦经历时，不是通过防御，而是通过焦虑性认同，内摄威胁或侵害他们的人来应对**。直到现在我才明白，为什么我的患者如此顽固地拒绝采用我期望的方式，而是通过仇恨或防御来应对受到的伤害。他们人格中的一部分，甚至可以说是核心部分，仍然停滞在某一时刻和某一水平上，在这样的情况下要求他们**做出他塑的反应**（alloplastischen）是不可能的，他们会通过某种模仿，采取**自塑**（autoplastisch）的方式做出反应。这样，就形成了一种完全由"本我"和"超我"组成的人格，因此在面对痛苦时，他无法表达自己；就像一个尚未完全长大的孩子，假如缺乏母性的保护和无限温柔时，他便无法忍受孤独。在这里，我们需要参考弗洛伊德长期以来发展的思想，他强调了在能够感受客体爱（Objektliebe）的能力之前，需要经过认同阶段。

我把这一阶段称为被动的客体爱阶段或温情（Zärtlichkeit）阶段。客体爱的迹象可能已经出现，但仅仅是作为幻想，并以游戏的方式。这就是为什么所有的孩子，几乎没有例外，都会想象自己取代与自己同性别的父母，成为异性别父母的配偶。需要注意的是，这只存在于想象中。事实上，他们既不愿意也无法割舍温情，尤其是母性的温情。如果在温情阶段时，对孩子们施加**过多的爱**或者不是他们所期望的爱，可能会导致与上文提到的**缺失爱**一样的病态后果。对一个尚未成熟的无辜孩子，过早引入充满内疚感的激情之爱，可能引发各种神经症和性格问题，但是在这里我们不详细讨论。造成的后果正是我在这个演讲标题中提到的"语言的混淆"。

父母和成年人应该认识到——正如我们作为分析师那样——孩子、患者或学生的移情之爱、顺从或崇拜背后，隐藏着渴望摆脱这种压迫之爱的忧伤之情。如果我们能够帮助孩子、患者或学生摆脱这种认同，抵御这种沉重的移情，那么可以说，我们已经成功地将他们的人格提升到了一个更高的层次。

简而言之，我做的一系列观察使我得到了意外的发现，我在这里向大家做个汇报。长期以来我们都知道，强迫的爱和过度的惩罚会导致固化。现在参考上述内容，或许我们更容易理解这种看似奇怪的反应。孩子以玩闹的方式犯下的错误，只有当他们受到愤怒的成年人激情式惩罚时才会变成现实，这些成年人愤怒地咆哮，将导致一个原本无辜的孩子陷入抑郁。

我们对恐惧不安阶段的分析进行仔细检查，发现如没有表现出人格分裂，就不会产生冲击或惊吓。孩子的人格退行到一种创伤前的幸福感，试图掩盖痛苦的发生，任何分析师都不会对此感到意外。比较奇怪的是，在认同过程中，会出现第二种机制，至少我本人对此知之甚少。我指的是突然出现的令人震惊的新能力，就像魔术棒一挥，突然在经历打击之后就产生了新的能力。这让人联想到江湖骗子的魔术表演，他们可以让一颗种子在我们眼前长成一株带茎和花朵的植物。极度的痛苦，尤其是对死亡的恐惧，似乎有能力唤醒并立即激活潜在的禀赋，这些禀赋原本可以平静地等待成熟。然而，经历性侵犯的孩子会在创伤的急迫压力下，突然展现出成熟的成年人的所有情感，以及婚姻的、父性的和母性的潜在能力，这些能力在他身上已经虚拟地预先形成。因此，可以简单地称之为**创伤性**（病理性）发育或（病理性）过

成人与儿童的语言混淆：温柔与激情的语言（1932）

早成熟，与我们通常谈论的退行现象相对立。我们可以联想，被鸟啄伤了的水果会过早成熟，变得美味，也可以想到那些长虫的水果会早熟。不仅在情感方面，**而且在智力方面**，打击可以让个体的一部分突然成熟起来。我想起了我多年前提出的典型个案"智婴"的梦，一个新生儿，还在摇篮里，突然开始说话，甚至给家庭中的每个人传授智慧。面对失控的，甚至在一定程度上发疯的成年人，孩子感到害怕，几乎可以说，他们将孩子变成了精神科医生；为了保护自己，免受失控的成年人造成的危险，孩子首先必须知道如何与他们产生完全认同。真的是不可思议，我们确实可以从我们的"智婴"那里，也就是神经症患者那里学到很多东西。

如果孩子在成长的过程中不断遭遇打击，那么人格分裂的碎片数量和种类都会随之增加，我们很快就会发现，如果孩子不陷入混乱，就很难与这些碎片保持联系，这些碎片表现得就像互不认识的独立的人格。最终，这可能导致一种我们所谓的**原子化**（Atomisierung）的状态，如果我们想继续使用**碎片化**（Fragmentierung）这个比喻的话；面对这种情况，需要极大的乐观主义才能不失去勇气。然而，在这里，我仍然希望能够找到一些方法将这各种各样的碎片连接起来。除了激情的爱和激情的惩罚之外，还有第三种方法来控制孩子，那就是**恐怖主义般的苦难**。孩子被迫去化解各种家庭冲突，他们纤弱的肩膀需要背负家庭所有成员的重担。他们之所以这样做，并不是完全出于纯粹的无私，而是为了能够再次享受已经消失的平静和温情。一位不断抱怨自己痛苦的母亲，可以把她的孩子变成一名护工，也就是说，把孩子变成一个真正的母性替代者，而完全不考虑孩子的利益。

如果这一观点得到证实,我认为我们可能需要重新审视性理论和生殖理论的某些章节。例如,只有温情的性欲倒错,才是儿童的;当性欲倒错充满了激情和有意识的罪恶感时,它们也许已经表现出外源刺激和继发性神经症。同样,在我自己的生殖理论中,我没有考虑到温情阶段和激情阶段之间的差异。在我们这个时代的性行为中,多少虐恋是受文化影响的(所谓文化,是指根源在于内摄的罪恶感),而多少虐恋仍然是原发的,像一种自组织阶段一样发展?这个问题需要进一步的研究来解答。

如果大家能在实践和思考中花些时间来验证这一切,我将感到非常高兴。如果从今往后你们听从我的建议,更加重视对孩子、患者和学生的思考及谈话方式,理解其中隐藏的批评,从而使他们开口,我们将会有机会学到非常多的东西。

*

附录

这一系列思考仅仅以描述的方式探讨了儿童性爱中的温情成分和成人性爱中的激情成分;二者之间本质差异的问题仍然悬而未决。精神分析学可能会支持笛卡尔的概念,将激情视为痛苦的产物,但精神分析也可能回答一个问题,即在温情的乐趣满足中加入了痛苦元素,变成了施虐-受虐欲。这些矛盾使我们预感到,在成人的性爱中,**罪恶感**将爱的客体转化为憎恨和深情的客体,即一个**二元矛盾**的客体。在儿童的温情阶段,这种二元性尚未出现,而恰恰是这种憎恨使一个受到成年人喜爱的儿童感到惊讶、害怕和受伤。这种憎恨将一个天真无邪、自在游戏的人变成了一个有罪的自动化机器,通过焦虑地模仿成年人,几乎忘记了自己。正是这种罪恶感和对引诱者的憎恨,使成年人性爱加上了一种对儿童来说极为可怕的斗争面貌,即在性高潮结束时的原初场景(Urszene);然而,儿童的性爱,因为缺乏"性别之争",仍停留在性前戏的阶段,只能体验到满足感,而非性高潮时的筋疲力尽感。"性生殖理论"① 试图从种系发生角度解释性别之争,必须考虑到儿童的性爱满足与充满憎恨和交合的成年人的爱之间的差异。

---

① 参见本文作者所著的《生殖器的理论尝试》(Versuch einer Genitaltheorie, Inernatioinalr Psychoanalytischer Verlag, Wien)。

附录：
篇章来源及英法文译介情况*

《精神分析与教育学》（1908）

匈牙利语

（1908）"Pszichoanalízis és pedagógia", in *Gyógyászat*, 48 (43), pp. 712-714.

德语

（1908）„Welche praktischen Winke ergeben sich aus den Freudschen Erfahrungen für die Kindererziehung", Vortrag, gehaten auf dem Ⅰ. Psychoanalyschen Kongress in Salzburg.

（1910）„Psychoanalyse und Pädagogik" [Bericht über die Ⅰ. private Psychoanalysche Vereinigung in Salzburg am 27. April

---

* 中文版本译自朱迪特·杜邦等的法文译本，编辑中参考了德文原文与英文译本。——编注

1908], in *Zentralblatt für Psychoanalyse*, 1910 – 1911, 1 (3), p. 129.

(1939)„ Psychoanalyse und Pädagogik ", in Sándor Ferenczi, *Bausteine zur Psychoanalyse. Band Ⅲ. Arbeiten aus den Jahren 1908 – 1933*, Bern, Verlag Hans Huber, pp. 9 – 22.

英语

(1949) "Psychoanalysis and Education", in *The International Journal of Psychoanalysis*, 1949, 30, pp. 220 – 224.

(1955) "Psycho-analysis and Education", in Sándor Ferenczi, *Final Contributions to Psychoanalysis*, ed. Michael Balint, trans. Eric Mosbacher and others, London, Hogarth Press, pp. 280 – 290.

(1999) "Psychoanalysis and Education", in Sándor Ferenczi, *Selected Writings*, edited with an introduction by Julia Borossa, London: Penguin Books, pp. 25 – 30.

法语

(1968) « Psychanalyse et pédagogie », dans Sándor Ferenczi, *Psychanalyse Ⅰ. Œuvres complètes, 1908 – 1912*, trad. fr. par Judith Dupont avec la collaboration de Philippe Garnier, Paris, Payot, pp. 51 – 56.

(2009) « Supplément à "Psychanalyse et pédagogie" », dans *Le Coq-héron*, 4, n° 199, pp. 11 – 14.

(2015) « Psychanalyse et pédagogie », dans Sándor Ferenczi, *L'enfant dans l'adult*, « Petite Bibliothèque Payot », Paris, Payot & Rivages, pp. 30 – 39.

《现实感的发展阶段》(1913)

德语

(1913) „ Entwicklungsstufen des Wirklichkeitssinnes ", in *Internationale Zeitschrift für (ärztliche) Psychoanalyse*, 1 (2), pp. 124 - 138.

(1927) Sándor Ferenczi, *Bausteine zur Psychoanalyse. Band Ⅰ: Theorie*, Wien, Internationaler Psychoanalytischer Verlag, pp. 62 - 83.

英语

(1916) "Stages in the Development of the Sense of Reality", in Sándor Ferenczi, *Contributions to Psycho-analysis*, trans. Ernest Jones, Boston, Richard G. Badger, pp. 181 - 203.

(1952) "Stages in the Development of the Sense of Reality", in Sándor Ferenczi, *First Contributions to Psychoanalysis*, trans. Ernest Jones, London, Hogarth Press, pp. 213 - 239.

(1999) "Stages in the Development of the Sense of Reality", in Sándor Ferenczi, *Selected Writings*, edited with an introduction by Julia Borossa, London, Penguin Books, pp. 67 - 81.

法语

(1970) « Le développement du sens de réalité et ses stades », dans Sándor Ferenczi, *Psychanalyse* Ⅱ. *Œuvres complètes, 1913 - 1919*, Paris, Payot, pp. 51 - 65.

(2015) « Psychanalyse et pédagogie », dans Sándor Ferenczi, *L'enfant dans l'adult*, « Petite Bibliothèque Payot », Paris, Payot & Rivages, pp. 30 - 39.

《公鸡小孩》(1913)

德语

(1913) „Ein kleiner Hahnemann", in *Internationale Zeitschrift für (ärztliche) Psychoanalyse*, 1 (3), pp. 240 - 246.

(1927) „Ein kleiner Hahnemann", in *Bausteine zur Psychoanalyse. Band Ⅱ : Praxis*, Wien, Internationaler Psychoanalytischer Verlag, pp. 185 - 195.

(1933) „Ein kleiner Hahnemann", in *Zeitschrift für Psychoanalytische Pädagogik*, 7 (5/6), pp. 169 - 175.

(1970) „Ein kleiner Hahnemann", in *Schriften zur Psychoanalyse. Band Ⅰ*, Hrsg. und eingeleitet von Michael Balint, Frankfurt am Main, S. Fischer Verlag, pp. 164 - 171.

英语

(1916) "A Little Chanticleer", in Sándor Ferenczi, *Contributions to Psycho-analysis*, trans. Ernest Jones, Boston, Richard G. Badger, pp. 204 - 213.

(1952) "A Little Chanticleer", in Sándor Ferenczi, *First Contributions to Psychoanalysis*, trans. Ernest Jones, London, Hogarth Press, pp. 240 – 252.

(1999) "The Little Rooster Man", in Sándor Ferenczi, *Selected Writings*, edited with an introduction by Julia Borossa, London, Penguin Books, pp. 84 – 91.

法语

(1970) « Un petit homme-coq », dans Sándor Ferenczi, *Psychanalyse II. Œuvres complètes, 1913 – 1919*, Paris, Payot, pp. 72 – 79.

(2015) « Un petit homme-coq », dans Sándor Ferenczi, *L'enfant dans l'adult*, « Petite Bibliothèque Payot », Paris, Payot & Rivages, pp. 72 – 85.

《童年期"阉割"的心理后果》(1917)

德语

(1917) „Die psychischen Folgen einer 'Kastration' im Kindesalter", in *Internationale Zeitschrift für ärztliche Psychoanalyse*, 1916 – 1917, 4 (5), pp. 263 – 266.

(1927) „Die psychischen Folgen einer 'Kastration' im Kindesalter", in *Bausteine zur Psychoanalyse. Band II : Praxis*, Wien, Internationaler Psychoanalytischer Verlag, pp. 196 – 202.

英语

(1926) "The Psychic Consequences of a 'Castration' in Childhood", in John Rickman (ed.), *Further Contributions to the Theory and Technique of Psycho-analysis*, London, Hogarth Press, pp. 244-249.

法语

(1970) « Conséquences psychiques d'une "castration" dans l'enfance », dans Sándor Ferenczi, *Psychanalyse II. Œuvres complètes, 1913-1919*, Paris, Payot, pp. 278-282.

(2012) « Conséquences psychiques d'une "castration" dans l'enfance », dans Sándor Ferenczi, *Un petit homme-coq, suivi de Les enfants qui ont la phobie des animaux de Sigmund Freud*, « Petite Bibliothèque Payot », trad. Judith Dupont, Myriam Viliker, trad. 2012, pp. 67-79.

《家庭对孩子的适应》(1927)

德语

(1927) „Die Anpassung der Familie an das Kind", Vortrag in London am 13. Juni 1927 in der gemeinsamen Sitzung der medizinischen und pädagoschen Sektionen der British Psychological Society.

(1928) „Die Anpassung der Familie an das Kind", in *Zeitschrift für Psychoanalytische Pädagogik*, 2 (8/9), pp. 239 – 251.

(1939) „Die Anpassung der Familie an das Kind", in Sándor Ferenczi, *Bausteine zur Psychoanalyse. Band Ⅲ. Arbeiten aus den Jahren 1908—1933*, Bern, Verlag Hans Huber, pp. 347 – 366.

(1972) „Die Anpassung der Familie an das Kind", in *Schriften zur Psychoanalyse. Band Ⅱ*, Hrsg. und eingeleitet von Michael Balint, Frankfurt am Main, S. Fischer Verlag, pp. 212 – 226.

英语

(1928) "The Adaptation of the Family to the Child", in *British Journal of Medical Psychology*, 8 (1), pp. 1 – 13.

(1955) "The Adaptation of the Family to the Child", in Sándor Ferenczi, *Final Contributions to Psychoanalysis*, ed. Michael Balint, trans. Eric Mosbacher and others, London, Hogarth Press, pp. 61 – 76.

法语

(1982) « L'adaptation de la famille à l'enfant », dans Sándor Ferenczi, *Psychanalyse Ⅳ. Œuvres complètes, 1927 – 1933*, trad. fr. par l'équipe de traduction du *Coq Héron* (J. Dupont, S. Hommel, F. Samson, P. Sabourin, B. This), Paris, Payot, pp. 125 – 135.

（2015）« L'adaptation de la famille à l'enfant », dans Sándor Ferenczi, *L'enfant dans l'adult*, « Petite Bibliothèque Payot », Paris, Payot & Rivages, pp. 88 – 112.

《不受欢迎的儿童及其死亡驱力》（1929）

德语

（1929）„Das unwillkommene Kind und sein Todestrieb", in *Internationale Zeitschrift für（ärztliche）Psychoanalyse*, 15（2/3）, pp. 149 – 153.

（1939）„Das unwillkommene Kind und sein Todestrieb", in Sándor Ferenczi, *Bausteine zur Psychoanalyse. Band Ⅲ. Arbeiten aus den Jahren 1908 – 1933*, Bern, Verlag Hans Huber, pp. 446 – 457.

（1972）„Das unwillkommene Kind und sein Todestrieb", in *Schriften zur Psychoanalyse. Band Ⅱ*, Hrsg. und eingeleitet von Michael Balint, Frankfurt am Main, S. Fischer Verlag, pp. 251 – 256.

英语

（1929）"The Unwelcome Child and his Death-Instinct", in *The International Journal of Psychoanalysis*, 10, pp. 125 – 129.

（1955）"The Unwelcome Child and his Death-Instinct", in Sándor Ferenczi, *Final Contributions to Psychoanalysis*, ed.

Michael Balint, trans. Eric Mosbacher and others, London, Hogarth Press, pp. 102 - 107.

(1999) "The Unwelcome Child and his Death-Instinct", in Sándor Ferenczi, *Selected Writings*, edited with an introduction by Julia Borossa, London, Penguin Books, pp. 269 - 274.

法语

(1982) « L'enfant mal accueilli et sa pulsion de mort », dans Sándor Ferenczi, *Psychanalyse IV. Œuvres complètes, 1927 - 1933*, trad. fr. par l'équipe de traduction du *Coq Héron* (J. Dupont, S. Hommel, F. Samson, P. Sabourin, B. This), Paris, Payot, pp. 76 - 81.

(2015) « L'enfant mal accueilli et sa pulsion de mort », dans Sándor Ferenczi, *L'enfant dans l'adult*, « Petite Bibliothèque Payot », Paris, Payot & Rivages, pp. 114 - 123.

《成人分析中的儿童分析》(1931)

德语

(1931) „Kinderanalysen mit Erwachsenen", Festvortrag, gehalten anläβlich des fünfundsiebzigsten Geburstages von Professor Freud in der „Wiener Psychoalalystischen Vereinigung" am 6. Mai 1931.

(1931) „Kinderanalysen mit Erwachsenen", in *Internationale*

Zeitschrift für（*ärztliche*）*Psychoanalyse*，17（2），pp. 161-175.

（1939）„Kinderanalysen mit Erwachsenen", in Sándor Ferenczi，*Bausteine zur Psychoanalyse*. *Band III*. *Arbeiten aus den Jahren 1908-1933*，Bern，Verlag Hans Huber，pp. 490-510.

（1972）„Das unwillkommene Kind und sein Todestrieb", in *Schriften zur Psychoanalyse*. *Band II*，Hrsg. und eingeleitet von Michael Balint，Frankfurt am Main，S. Fischer Verlag，pp. 274-289.

英语

（1931）"Child Analysis in the Analysis of Adults"，in *The International Journal of Psychoanalysis*，12，pp. 468-482.

（1955）"Child Analysis in the Analysis of Adults"，in Sándor Ferenczi，*Final Contributions to Psychoanalysis*，ed. Michael Balint，trans. Eric Mosbacher and others，London，Hogarth Press，pp. 126-142.

法语

（1982）« Analyses d'enfants avec des adultes »，dans Sándor Ferenczi，*Psychanalyse IV*. *Œuvres complètes*，*1927-1933*，trad. fr. par l'équipe de traduction du *Coq Héron*（J. Dupont，S. Hommel，F. Samson，P. Sabourin，B. This），Paris，Payot，pp. 125-135.

（2015）« Analyses d'enfants avec des adultes »，dans Sándor Ferenczi，*L'enfant dans l'adult*，« Petite Bibliothèque

Payot », Paris, Payot & Rivages, pp. 126 - 153.

《成人与儿童的语言混淆:温柔与激情的语言》(1932)

德语

(1932) „Sprachverwirrung zwischen den Erwachsenen und dem Kind (Die Sprache der Zätlichkeit und der Leidenschaft) ", Vorgetragen am Kongreβ der „Internationalen Psychoanalytischen Vereiningung" in Wiesbaden, September 1932.

(1933) „Sprachverwirrung zwischen den Erwachsenen und dem Kind (Die Sprache der Zätlichkeit und der Leidenschaft) ", in *Internationale Zeitschrift für (ärztliche) Psychoanalyse*, 19 (1/2), pp. 5 - 15.

(1939) „Sprachverwirrung zwischen den Erwachsenen und dem Kind (Die Sprache der Zätlichkeit und der Leidenschaft) ", in Sándor Ferenczi, *Bausteine zur Psychoanalyse. Band Ⅲ. Arbeiten aus den Jahren 1908 - 1933*, Bern, Verlag Hans Huber, pp. 511 - 525.

英语

(1949) "Confusion of Tongues between Adults and the Child. The Language of Tenderness and of Passion", in *The International Journal of Psychoanalysis*, 30, pp. 225 - 230.

(1955) "Confusion of Tongues between Adults and the Child.

The Language of Tenderness and of Passion", in Sándor Ferenczi, *Final Contributions to Psychoanalysis*, ed. Michael Balint, trans. Eric Mosbacher and others, London, Hogarth Press, pp. 156–167.

(1988) "Confusion of Tongues between Adults and the Child. The Language of Tenderness and of Passion", in *Contemporary Psychoanalysis*, 24 (2), pp. 196–206.

法语

(1982) « Confusion de langue entre les adultes et l'enfant. Le langage de la tendresse et de la passion », dans Sándor Ferenczi, *Psychanalyse IV. Œuvres complètes, 1927–1933*, trad. fr. par l'équipe de traduction du *Coq Héron* (J. Dupont, S. Hommel, F. Samson, P. Sabourin, B. This), Paris, Payot, pp. 1925–1935.

(2010) « Confusion de langue entre les adultes et l'enfant. Le langage de la tendresse et de la passion », dans *Neuropsychiatrie de l'enfance et de l'adolescence*, 58, pp. 10–14.

译后记

　　回想起来，翻译费伦齐作品选集的想法萌生于我在法国读博的那段时间。2015 年 9 月，我在巴黎十大开始了博士生涯。论文的研究领域是教育学专业的精神分析学分支（l'approche clinique d'orientation psychanalytique en sciences de l'éducation），大致可以理解为精神分析应用于教育学。读博第一年体验最多的是孤独和迷茫。我想这种感受，一方面来源于法国的大学相对自由的教育体制，另一方面则是因为写作初期，对论文的构想还不清晰。我常常一个人背着书包往返于学校和宿舍之间，从巴黎南郊到北郊，穿越偌大一座城市，在人来人往的地铁站和马路上，那种孤独感带着迷茫，时常笼罩在心头，挥之不去，那时觉得自己好像一滴水掉进了一片汪洋。

　　是费伦齐给了我写论文的灵感！

　　万事开头难！日子一天天过去，越是感到孤独迷茫、焦虑不安，越是不得不寻找出路。开卷有益，终于我还是受惠于学校图书馆，广泛阅读带给我丰富的养料。在巴黎五大读研期间，我已经初步打下了精神分析学的基础。我在图书馆第一次阅读费伦齐的法语版作品选集时，就立刻被他流畅清晰的语言和深入浅出的思想所吸引，那种感觉真的可以称为"insight"。他的那部小小的作品集,我读了一遍又一遍,还特意买了两本,一本送友人,一本自己收藏。

阅读费伦齐,是一场丰盛的智识之旅、一种精神享受,作者思想深刻,感情细腻,笔触真诚,文风犀利;是一种人生的收获,他的真知灼见让我受益匪浅,为我写论文带来无限的启发和灵感,可以说是我论文的理论根基;更是一种心灵的震撼,他大胆地批判传统,真诚地剖析自我,对现代文明和现行教育发问,他忧心忡忡,奔走疾呼,对广大父母和教育工作者发出的呐喊声振聋发聩,让我由衷钦佩。

我很想把费伦齐的作品介绍到中国!

写博士论文的最后一年,我经常和一个法国同学 Florence 一起相约图书馆。我记得有一个下午,那时我的博士论文即将完成,我和 Florence 在图书馆一楼大厅中休息,我们各自手捧一杯咖啡闲谈。她问我回中国以后,打算怎么继续做研究。那时,这正是萦绕在我心头的一件要紧事。如果教法语是我的职业规划,那么做学问是我的人生理想。我从不想远离这条路,尽管可以预见得到学术之路阻且长,却相信这个过程充满了惊喜和收获。在还没有离开法国以前,我就已经开始不舍,对未来怀着些许不安。我对她说,我想从翻译费伦齐的作品开始做起,因为那时我已经发现中国还几乎没有费伦齐的译作。Florence 读过我的论文,并且在这几年的博士生研讨会上,我做过关于费伦齐的学术报告,她知道这位精神分析学家对我来说意义非同寻常,而且在我的感染下,她也读了一些费伦齐的作品,并深切认同他的理念,所以她听了我的想法之后,大大地鼓励了我。

2019 年暑假,我博士论文完成,也回到国内找好了工作,即将迈出新的一步,告别旅居七年的法国,重新回到自己的祖国，内心却有诸多不安，这好像人生中的"惊险的一跳"。如今回想起来，那时的我大概特别需要来做这样一件事情：既能与过去相连，又可以通向未来，并且必须是我深深热爱的事，于是，翻译费伦齐作品的念想又浮出水面并萦绕心头。下笔以后我才发现，翻译并非易事。原本阅读时的快乐在翻译的过程中变成了字斟句酌的乏味工作；加上，虽然我在法国读书期间对精神分析进行了系统的理论学习，但是一些学科的专有名词的中文翻译也为这份工作增加了难度。但是，我始终坚信翻译费伦齐作品选集具有非凡的意义和价值：无论是对于科研工作者来说的学术价值，还是对于所有儿童教育者和父母来说的应用价值。我相信，就像莎乐美所说的，"费伦齐的时代必将到来"！也是在翻译费伦齐的这一年，我得知自己怀孕，孕育宝宝的奇妙感受让我常常不由自主想到费伦齐提出的这个概念"内在小孩"——法语为"l'enfant dans l'adulte"，可直译为成年人心中（或身体里）的儿童——多么贴切啊！我的小孩在我的身体里，同时，有意地或者无意地，我的心中也无时无刻不装着自己童年的影子。怀孕的过程让我反思，人这一生，虽然看似有无数选择，但是无论我们做何种选择，终究要不断地面对真实的自我，与自己最隐蔽的缺点和软弱做斗争，有时候，我们表面上有退路，实则无路可退。或许，作为母亲，我能给孩子的最好的教育，就是做一个诚恳地面对自我、不断学习、愿意进步的人吧。

才疏学浅，唯有效仿古人"路漫漫其修远兮，吾将上下而求索"。我在翻译费伦齐作品的过程中，坚持科学性和可读性双重原则，既尽量保证在翻译中不损害费伦齐深刻的理论思想和专业的学术水准，又力图保证通俗性和可读性，以满足国内读者的需求。就像费伦齐本人坚决主张没有受过专业医学训练的"门外汉"也可以从事精神分析工作，我想他的作品从一开始就绝不仅仅局限于专家学者，而是面对广大教育工作者、普天下的父母，以及所有与儿童打交道的成年人。如果说阅读费伦齐，是一场愉快的智识之旅，那么翻译费伦齐，对来我说更像是勇攀高峰，因为"山在那里"，不能不登，更因为"山阴道上，应接不暇"，如此美好的体验，不可不分享！

属于费伦齐的时代必将到来！

目前，国内广大学者对费伦齐的作品关注较少，网上可以找到关于作者的零散的介绍，在本译作之前，作者没有发现大陆地区专门的费伦齐作品的中译本，迄今为止，台湾地区也仅有一本：吴阿瑾和吴阿城两位译者于 2005 年翻译了费伦齐和兰克合著的《精神分析的发展》一书。

国内学者对费伦齐思想的系统研究主要集中于南京师范大学郭本禹教授及其学生王健的著作和论文中。郭本禹编著的《精神分析发展心理学》（2009）中的第三章单独对费伦齐的学术思想和临床技术做了总体评价。王健在郭教授指导下完成的硕士学位论文《从沉寂到复兴——亚伯拉罕和费伦齐对早期精神分析发展的贡献》（2009）也是国内第一篇研究费伦齐的学术论文。在此篇学术论文的基础上编写的《古典精神学的早期理论转向：亚伯拉罕、费伦齐和兰克研究》（2009）一书，收入郭本禹主编的"中国精神分析研究丛书"，是目前国内研究费伦齐的十分重要的参考文献。作者介绍了费伦齐的生平、著作、思想、主要贡献和影响等，书中尤其着重介绍了费伦齐对精神分析理论和技术两个领域的革新与贡献，探讨了费伦齐对客体关系学派、自体心理学派和美国人际学派的影响。另外，王健于 2011 年发表了《当代共情——人际费伦齐的取向的滥觞：费伦齐的临床思想与治疗技术探析》一文。译者还注意到近年来越来越多的学者开始关注费伦齐的精神分析理论与实践技术，例如，台湾地区台北市立联合医院许欣伟发表在《北市医学杂志》2020第17卷第1期的一篇文章《精神分析取向心理治疗技术之弹性》，介绍了从精神分析之父弗洛伊德提出的中立原则到费伦齐提出的主动技术，着重探讨了费伦齐在临床技术领域做出的革新，介绍了费伦齐的相互分析、主动分析技术和弹性技术。

综上，国内学者对费伦齐的研究尚处于起步阶段，目前仅有的研究作品较为零散，也没有专家学者翻译出版费伦齐的作品。然而，我相信，费伦齐不仅对精神分析的本体理论研究和临床治疗技术的革新有巨大贡献，而且对精神分析所具有的教育意义有极其敏锐的发现，对精神分析学应用于教育领域怀有极大的热忱。他对儿童心理学提出了极具价值的见解，在儿童精神分析学领域，是不可否认的奠基者和先驱，并且广泛而深刻地影响了后来的客体关系学派的创建和发展。费伦齐的学术思想对克莱因和温尼科特等人都产生了重要的影响，他鼓励克莱因从事儿童精神分析，他的理论观点被克莱因吸收和发展。同样，温尼科特提出的几个最著名的概念——例如，"足够好的母亲""促进性环境""抱持"等——都是对费伦齐理论的发展。令人深感遗憾的是，国内精神分析学、教育学和翻译学界都对这两位精神分析师给予了高度的关注和认可，对费伦齐的作品、译著和介绍却寥寥无几。

这本书今天能够得以出版，我得到过很多人的帮助。我首先要感谢的人就是南京大学张一兵教授，正是在他的推荐下，我翻译了法国著名哲学家贝尔纳·斯蒂格勒的著作《自动化社会》（南京大学出版社，待出版），因此与南京大学出版社结缘，才能够推荐出版我翻译的这本小书。其次我要感谢在法国的那段艰苦求学的岁月，尤其是为我打开新的视野的老师和同学。最后，我要感谢我的家人：感谢父母的养育和支持，以及先生的鼓励和陪伴；感谢已经去世六年的奶奶，她无私的爱一直悄无声息地滋养着我，她坚毅善良的品格一直感染着我；感谢我的孩子，让我能够成为母亲，可以不时地审视自己。

费伦齐说："没有人可以称为完整意义上的成年人。"临终前，他在《临床日记》中写道："可以说，我这一生都没有成为真正意义上的成年人。"他还说过："父母犯的一个错误就是忘了自己的童年。"是的，如果精神分析学之父弗洛伊德告诉我们，没有任何已经发生的事情会彻底消失，曾经的过往都可能被重新激活，那么费伦齐——这个"精神分析学界的坏小孩"，则深刻地向我们展示了，童年经历如何在成年人的一生中持续而隐秘地存在，并发生积极的或消极的影响，无论我们愿意与否。

谨以此书献给曾经还是小孩儿、终究要长大成人的我们。

2022 年 6 月 6 日于湘潭大学